U0178592

网站设计与开发
项目化实训教材

吕杰英 / 主　编
周功扬　陆凌艳　贺　成 / 副主编

浙江工商大學出版社
ZHEJIANG GONGSHANG UNIVERSITY PRESS
杭州

图书在版编目(CIP)数据

网站设计与开发项目化实训教材 / 吕杰英主编. — 杭州：浙江工商大学出版社，2021.7(2022.8 重印)
ISBN 978-7-5178-4553-9

Ⅰ. ①网… Ⅱ. ①吕… Ⅲ. ①网站－设计－教材②网站－开发－教材 Ⅳ. ①TP393.092

中国版本图书馆 CIP 数据核字(2021)第 123467 号

网站设计与开发项目化实训教材

WANGZHAN SHEJI YU KAIFA XIANGMUHUA SHIXUN JIAOCAI

主　编　吕杰英

副主编　周功扬　陆凌艳　贺　成

责任编辑　郑　建
封面设计　浙信文化
责任印制　包建辉
出版发行　浙江工商大学出版社
(杭州市教工路 198 号　邮政编码 310012)
(E-mail:zjgsupress@163.com)
(网址:http://www.zjgsupress.com)
电话:0571－88904980,88831806(传真)
排　　版　杭州朝曦图文设计有限公司
印　　刷　广东虎彩云印刷有限公司绍兴分公司
开　　本　880mm×1230mm　1/32
印　　张　9.5
字　　数　183 千
版 印 次　2021 年 7 月第 1 版　2022 年 8 月第 2 次印刷
书　　号　ISBN 978-7-5178-4553-9
定　　价　69.00 元

目录 Contents

第一章　网站设计与开发项目概述

第一节　网站设计与开发项目介绍

世界技能大赛网站设计与开发项目比赛赛程为 4 天，每天布置一个任务，包括 CMS 系统开发、服务器端 API 开发、前端游戏制作以及团队挑战等，累计比赛用时 20 小时左右。

网站设计与开发项目是根据特定需求进行站点设计，实现能在各终端设备上使用的页面、页面交互以及后台等功能。

项目要求选手能熟练地进行图形图像处理，设计站点的 Logo 及主题风格，并在各版面中应用这些元素，同时还需关注站点的受众群体，制作更受欢迎的设计；要求使用 HTML5 及 CSS3 按设计稿实现页面，并完成各种交互效果的开发；要求使用 PHP+MySQL 及主流的框架技术实现较为复杂的后端管理系统。此外还要能处理代码编写过程中发生的异常，最终的作品能适应各种常用的浏览器。

在实际工作中，网页设计者要能理解网页制作的技术和艺术价值，帮助网站经营者更高效地工作；网站的颜色、字体、图形以及布局则需要富有创意的设计技巧；确保用户界面具有良好的可用性。网站制作者也必须理解并掌握项目工作、内容制作和网站管理的基础知识。

目标读者

本书专门为世界技能大赛网站设计与开发项目感兴趣的读者准备，其内容涵盖网站界面设计、响应式页面实现、前端交互应用、服务器端编程等技术模块。

本书第四章、第五章的内容适合具有JavaScript和PHP代码基础的初学者，如果读者们对网站开发语言的基础知识有一定的理解，则更能发挥本书的最大效用。

第二节　开发环境

本书常用软件安装步骤

一、Adobe Photoshop CC

Adobe Photoshop CC是一款常用的图形图像处理软件，具有编辑图像、合成图像等功能。Adobe Photoshop CC安装步骤如下：

1. 双击安装文件夹中的“Set-up. exe”文件进行安装，如图1-1所示。

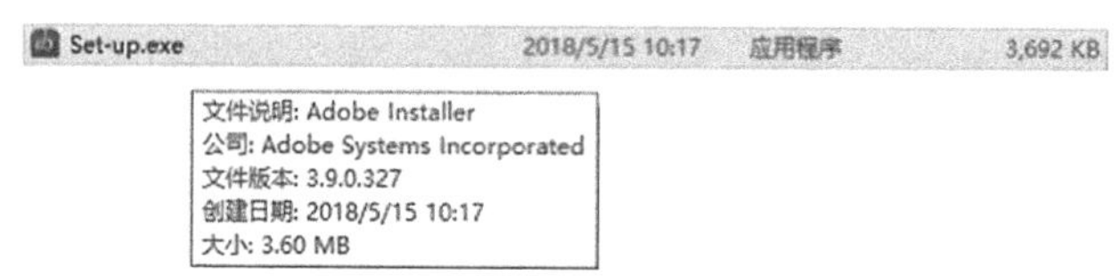

图1-1　安装文件包

2. 输入 Adobe 账号密码进行登录，未注册用户可以通过单击下方“获取 Adobe ID”进行注册，如图 1-2 所示。

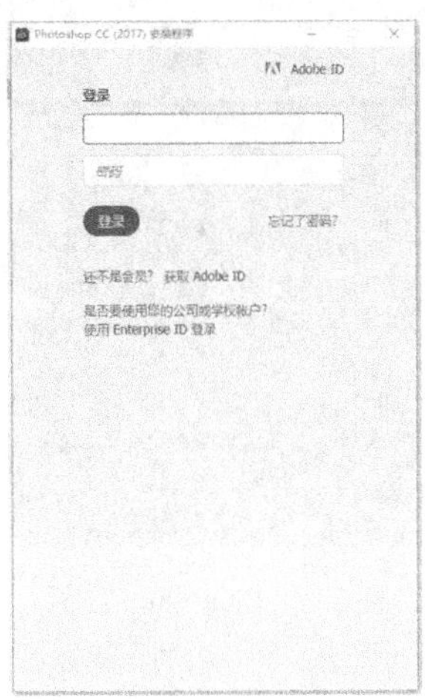

图 1-2　登录 Adobe 界面

3. 登录后自动进行安装，默认的安装路径为 C:\Program Files，如图 1-3 所示。

图 1-3　安装界面

4. 启动 Photoshop 软件，界面如图 1-4 所示。

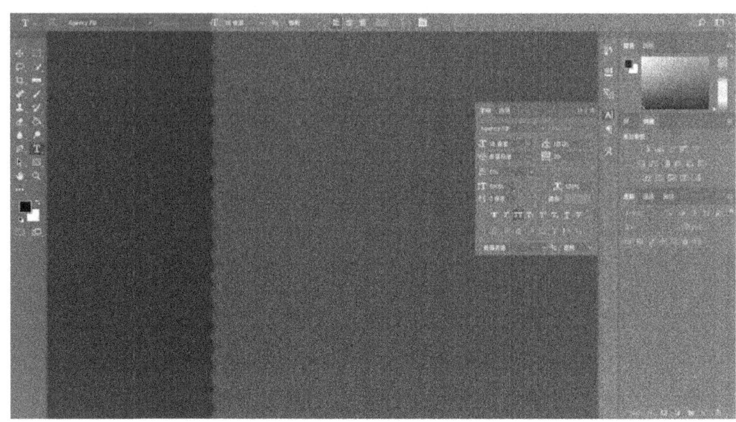

图 1-4　Photoshop 界面

二、PHPStorm

PHPStorm 是一款常用的代码编辑软件，具有补全及检测 PHP 代码、编写及调试 JavaScript 代码等功能。 PHPStorm 安装步骤如下：

1. 运行 PHPStorm 安装文件，进入“欢迎界面”，如图 1-5 所示。

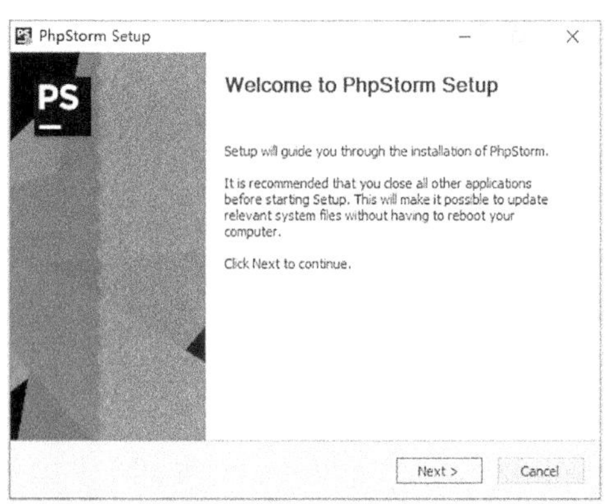

图 1-5　PHPStorm 欢迎界面

2. 单击“Next”（下一步）后进入选择安装目录的界面，这里我们选择默认路径，如图 1-6 所示。

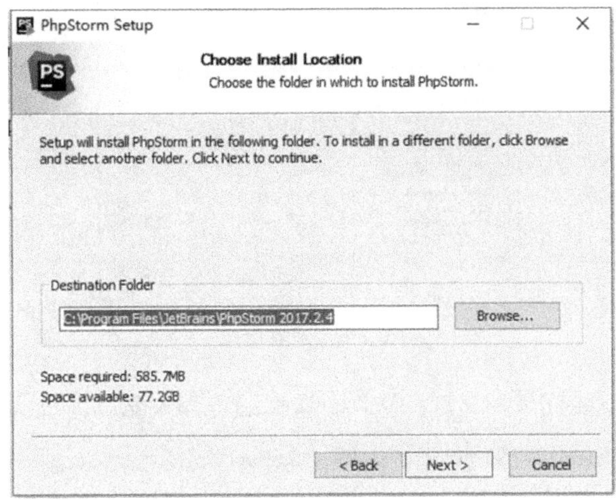

图 1-6　安装路径图

3. 选择安装路径后单击“Next”，进入默认关联方式设置，这里我们勾选所有类型文件，如图 1-7 所示。

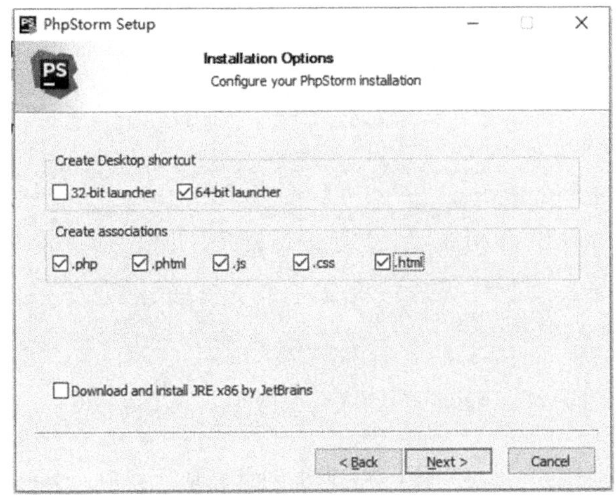

图 1-7　默认关联文件设置

4. 单击“Next”，显示安装进度界面，如图 1-8 所示。

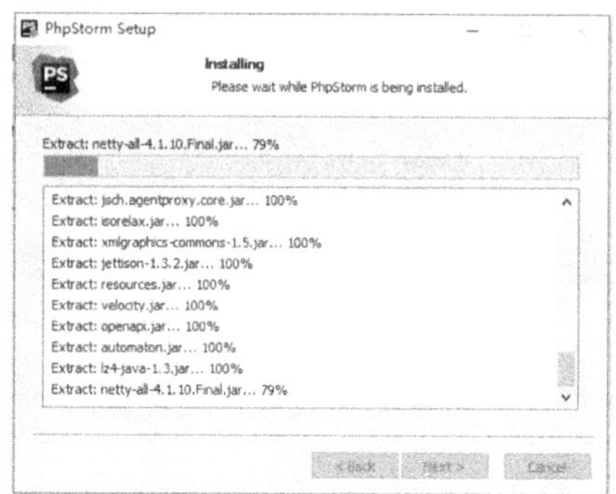

图 1-8　安装进度

5. 安装完成后，打开软件，选择是否导入配置。 激活方式可以先选择试用期限 30 天，如图 1-9、1-10 所示。

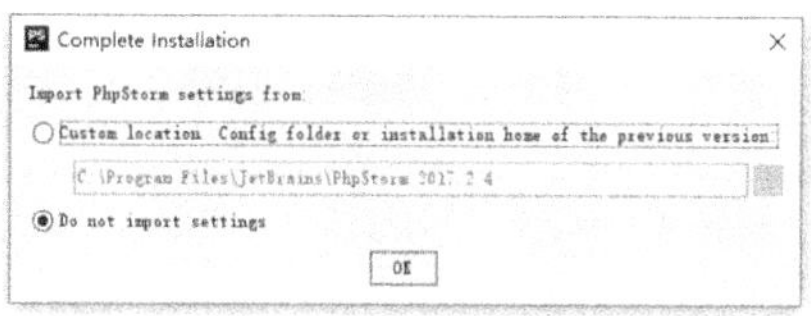

图 1-9　导入配置

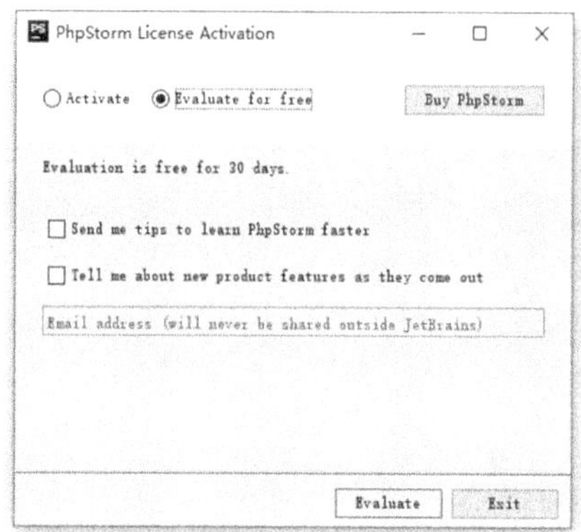

图 1-10　试用 30 天界面

三、Chrome 浏览器

Chrome 浏览器基于开源引擎 WebKit，支持 HTML5&CSS3，并具有调试功能，是一款简单、高效的 Web 浏览工具。 Chrome 可在官网下载免安装版本，具体步骤如下：

1. 复制 Chrome 文件夹，双击文件夹“chrome. exe”文件，如图 1-11 所示。

图 1-11　Chrome 文件夹

2. 启动 Chrome 浏览器，界面如图 1-12 所示。

图 1-12　Chrome 浏览器界面

本书涉及的技术或框架

- HTML
- Canvas
- SVG
- CSS
- Transform
- Animation
- CSS 选择器
- jQuery
- jQuery UI
- AJAX
- JSON
- LocalStorage
- 用户界面设计
- 用户体验设计
- 交互设计
- HTTP
- FTP
- PHP
- Composer
- MySQL
- Laravel

本书涉及的世界技能大赛真题

- 43 届世界技能大赛全国选拔赛 Nautica 服装品牌页面重设计
- 43 届世界技能大赛全国选拔赛 Nautica 服装品牌页面响应式实现
- 43 届世界技能大赛汽车销售程序开发
- 43 届世界技能大赛 Tic-Tac-Toe 在线游戏开发

第二章　网站界面设计模块

项目一　迪士尼 Banner 的设计

Banner 广告一般放在网页的页头，在用户浏览网页信息的同时，吸引用户对于广告信息的关注。一份优秀的 Banner，主题明确，能突出关键内容并有效抓住用户的眼球。

本项目讲解迪士尼网站的 Banner 设计。整个界面主题梦幻，效果精美细致，在配色上使用了蓝紫渐变，使画面充满魔幻风格。通过本章的学习，读者能剖析色彩的合理搭配及 PS 制作图片和文字穿插效果的方法。作品在梦幻的紫色和蓝色中，辅以城堡作为背景，使得主题非常鲜明，穿插了迪士尼人物和文字，打破了画面的呆板和沉闷，使整个画面活灵活现，Banner 效果如图 2-1 所示。

图 2-1　迪士尼 Banner 完成图

任务一　合成背景

一、新建文档

1. 新建画布

启动 Photoshop，按快捷键【Ctrl + N】快速新建一个 Photoshop 文档，设置文档宽度为 1366 像素，高度为 600 像素，分辨率为 72 像素/英寸，保存为文档“迪士尼 Banner. psd”。

2. 填充底色

新建“底色”图层，将“底色”图层的颜色填充为“白色”。

3. 分辨率设置

此时，创建的文档输出为网页格式文件，适合在 1366 × 768 像素的分辨率下显示。

二、添加素材

1. 打开素材

打开本书配套光盘中“项目素材\2 网站界面设计模块\项目一迪士尼 Banner 的设计\素材”文件夹，找到文件“1. jpg”，将图片素材拖动入已打开的 Photoshop 项目中，并将图层命名为“城堡背景”。

2. 对齐元素

按快捷键【Ctrl + A】将画布全选，按【V】键，选择“移动工具”，在选项区工具条中，分别按下“垂直居中对齐”和“水平居中对齐”按钮，将图像与画布对齐，如图 2-2 所示。

图 2-2　居中对齐设置界面

3. 调整高度

按快捷键【Ctrl＋D】取消选取，再按快捷键【Ctrl＋T】对图形进行变形，在选项区里边设置宽度和高度均为 100％，如图 2-3 所示，图形效果如图 2-4 所示。

图 2-3　缩放图形设置界面

图 2-4　图形效果图

4. 调整透明度

在图层工具栏中，选择不透明度，调整图形不透明度参数为 20％，如图 2-5 所示。图形效果如图 2-6 所示。

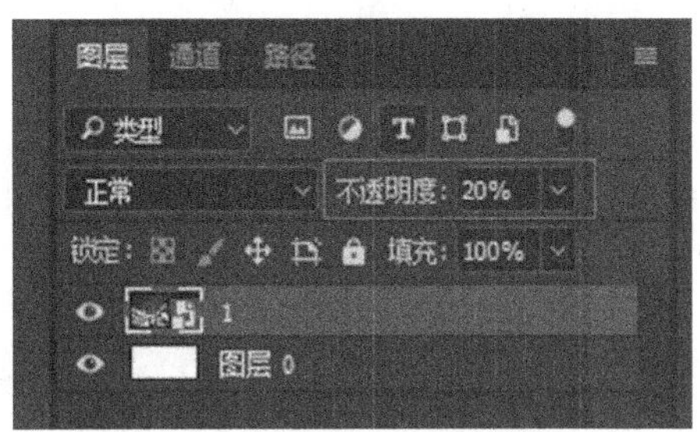

图 2-5　图形不透明度设置界面

图 2-6　图形不透明度效果图

5. 创建矩形

按【U】键，选择“矩形工具”，单击画布中任意一处，输入宽度为 1366 像素，高度为 600 像素。 创建矩形，如图2-7所示。

图 2-7　创建矩形界面

6. 填充颜色

在矩形工具栏中，选择描边“无颜色”，填充“♯4000b0”颜色，并将不透明度设置为 70%，如图 2-8 所示，最终效果如图 2-9 所示。

图 2-8　填充颜色设置界面

图 2-9　填充效果图

三、创建渐变遮罩层

1. 创建矩形

再次按【U】键，选择“矩形工具”，单击画布中任意位置，输入宽度为 1366 像素，高度为 600 像素，创建矩形。

2. 渐变填充

在矩形工具栏中，选择描边“无颜色”，填充方式为“线性渐变”，渐变角度为 0°。渐变颜色从左到右分别为“C100 M94 Y3 K0”“C0 M96 Y95 K0”“C9 M0 Y83 K0”。最后设置图形透明度为 20%，如图 2-10 所示，图形效果如图 2-11 所示。

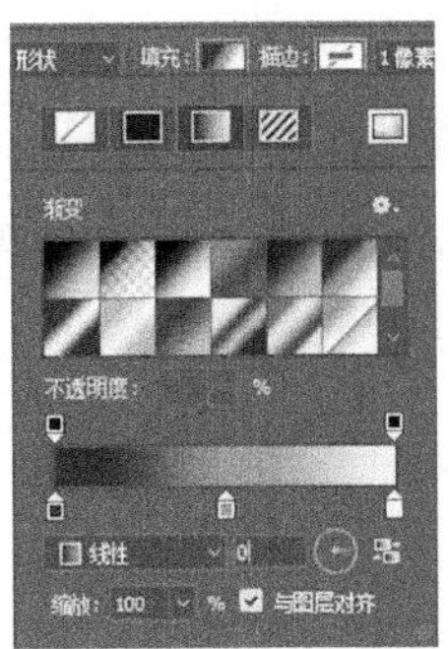

图 2-10　渐变遮罩设置界面

图 2-11　渐变遮罩效果图

到这里我们已经将背景制作完成了，按住【Ctrl】将图片和两遮罩层分别选中，再按下【Ctrl+G】进行分组，留至后续使用。最后按快捷键【Ctrl+Shift+S】另存为 psd 文件。

任务二　文字与图片处理

一、创建加粗文字

1. 新建图层

新建"文字"图层，输入"Disney"，在文字工具栏中选择字体"Arial-Black"，设置字体大小为 250 像素，并填充颜色为"#FFF"，如图 2-12 所示。

图 2-12　设置文字粗细界面

2. 调整文字属性

将文字居中后，打开"切换字符和段落面板"，勾选全部大写字母，如图 2-13 所示，文字效果如图 2-14 所示。

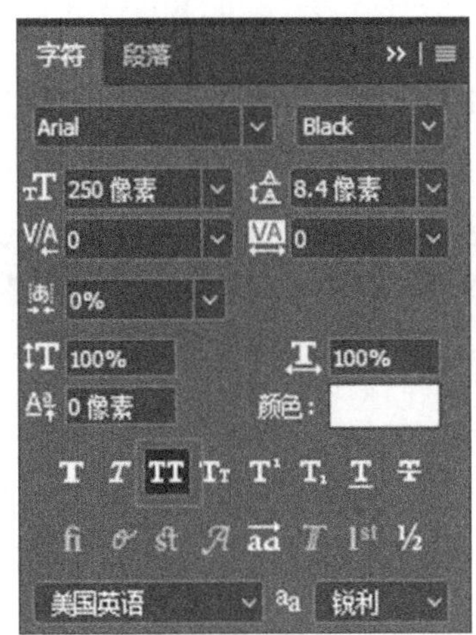

图 2-13　设置文字大小写界面

图 2-14　文字效果图

二、创建卡通卷体文字

1. 新建文字

新建“文字”图层，输入“Welcome to”，在文字工具栏中选择字体“Edwardian Script ITC”，设置字体大小为 90 像素，并填充颜色为“# FFF”，如图 2-15 所示。

图 2-15　设置文字卡通卷体界面

2. 文字左对齐

按住【Ctrl】同时选择“Welcome to”和“Disney”两个文字图层，按【V】选择左对齐，如图 2-16 所示。

图 2-16　设置文字对齐界面

3. 文字两端对齐

新建“文字”图层，输入“2016 Shanghai”，使用与“Welcome to”图层相同的属性设定，并与“Disney”图层右对齐，文字效果如图 2-17 所示。

图 2-17　文字组合图

三、提取原图中的卡通人物

1. 选择素材

打开本书配套光盘中“项目素材\2 网站界面设计模块\项目一迪士尼 Banner 的设计\素材”文件夹，找到“Mickey. jpg”文件，将图片素材拖动到已打开的 Photoshop 中新建项目。

2. 切换通道

切换至通道工具栏，分别勾选“红”“绿”“蓝”观察图像的变化，当要抠取的元素和背景颜色区别最大时，选择该通道。这里我们勾选红色通道，如图 2-18 所示。

图 2-18 通道选择界面

3. 创建并调整选区

按【W】切换至“快速选择工具”，在米老鼠周围创建选区。如果选区覆盖了要抠取的图像部分，则按住【Alt】使鼠标变成“—”号同时单击多余的选区。最终选区范围如图 2-19 所示。

图 2-19 米老鼠选区图

4. 选区羽化

按【Ctrl＋Shift＋I】进行反选后，单击工具栏中的“选择并遮住”按钮，在全局调整栏中，修改“平滑”属性值为 1，“羽化”属性值为 0.5 像素，如图 2-20 所示。

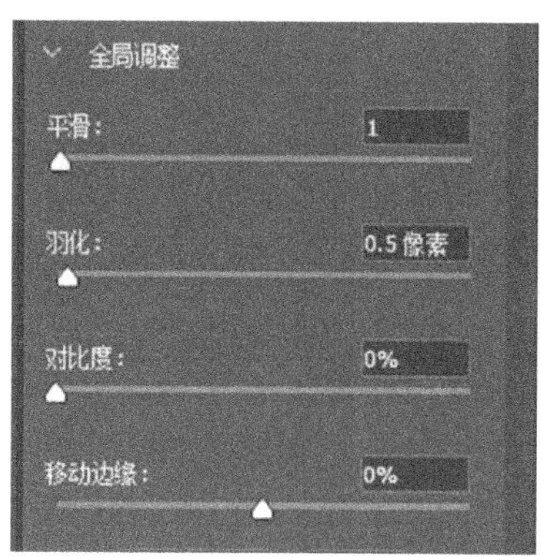

图 2-20　全局调整界面

5. 创建矢量蒙版

单击“添加矢量蒙版”，如图 2-21 所示，图形效果如图 2-22 所示。

图 2-21　设置矢量蒙版界面

图 2-22　米老鼠裁剪图

6. 保存素材

按下【Ctrl＋Shift＋S】另存为“Mickey. png”。并以相同的步骤处理图片素材夹中的文件“白雪公主. jpg”及“黛丝. jpg”。

任务三　整体合成

一、导入图片

1. 导入素材

将之前处理的“米老鼠”“白雪公主”“黛丝”拖入之前制作的背景项目。

2. 调整图层位置

按住【Ctrl】选中“米老鼠”“白雪公主”“黛丝”图层，并按下【Ctrl＋Shift＋J】将其置为顶层。

3. 调整图片位置

按【V】调整图片位置，如图 2-23 所示。

图 2-23　组合卡通人物效果图

二、制作图片穿插文字效果

1. 创建选区

按住【Ctrl】使用鼠标左键单击“Disney”图层左侧的 T 处，创建基于文字内容的选区，如图 2-24 所示。

图 2-24 文字选区图

2. 设置背景颜色

保持选区，单击“黛丝”的蒙版图层，设置背景色为黑色，按下【Ctrl＋Delete】填充选区为黑色后，按【Ctrl＋D】取消选区，如图 2-25 所示。

图 2-25 蒙版填充图

3. 调整图片效果

使用白色笔刷，在蒙版图层中勾出“黛丝”的手臂，如图 2-26所示。

图 2-26 手臂穿插文字图

三、设计交互

1. 创建椭圆图形

按【U】使用椭圆工具，创建宽、高均为 22 像素的圆。双击图层打开“图层样式”设置界面，在左侧栏目中选择勾选内阴影，设置属性“不透明度”为 35%、“距离”为 3 像素、“阻塞”为 0%、“大小”为 7 像素，如图 2-27 所示。

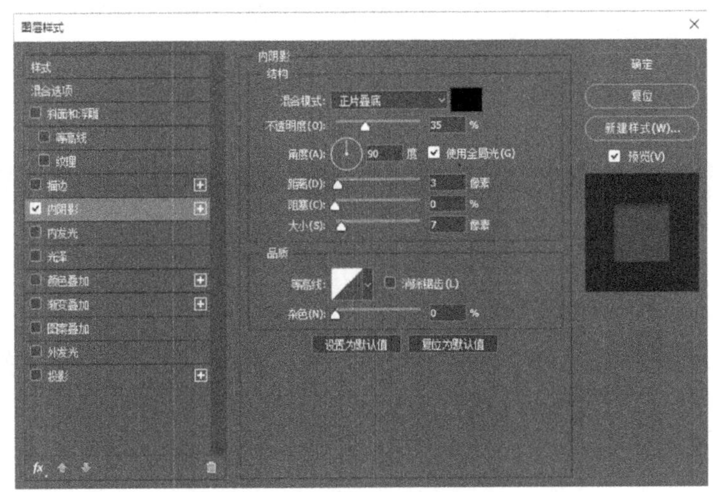

图 2-27 设置内阴影界面

2. 样式展示

应用“图层样式”的设置后，画布中内阴影效果如图 2-28 所示。

图 2-28　内阴影效果图

3. 调整图形位置

按【Ctrl＋J】复制 4 份图层，选中复制图层中的最后一层，按【V】切换为移动工具，再按住【Shift】向右水平拖动 200 像素。移动后按住【Ctrl】选中初始图层及 4 份复制图层，再按【V】将移动工具栏中的对齐方式勾选为水平居中分布，如图2-29 所示。

图 2-29　设置水平分布界面

4. 进行元素分组并对齐

单击选中第三个圆，按【U】切换“矩形工具”设置背景色为白色。按住【Ctrl】选中所有圆的图层，按【Ctrl＋G】分组。分组后放在页面页脚，并设置水平居中，如图 2-30 所示。

图 2-30　切换按钮效果图

5.创建白色矩形

按【U】切换“矩形工具”，创建宽 30 像素，高 8 像素的白色填充矩形。按住【Ctrl＋T】在设置界面中，将旋转角度设置为－45°，如图 2-31 所示，矩形旋转效果如图 2-32 所示。

图 2-31　设置旋转界面

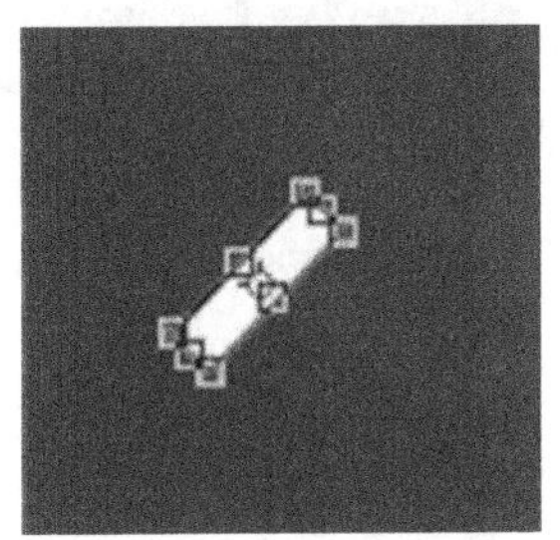

图 2-32　旋转效果图

6.垂直旋转

按【Ctrl＋J】复制矩形，按【Ctrl＋T】进入设置界面，鼠标在矩形上右键，选择菜单中的“垂直翻转”，如图 2-33 所示，两个矩形组成的箭头如图 2-34 所示。

旋转 180 度
顺时针旋转 90 度
逆时针旋转 90 度
水平翻转
垂直翻转

图 2-33　设置垂直翻转菜单

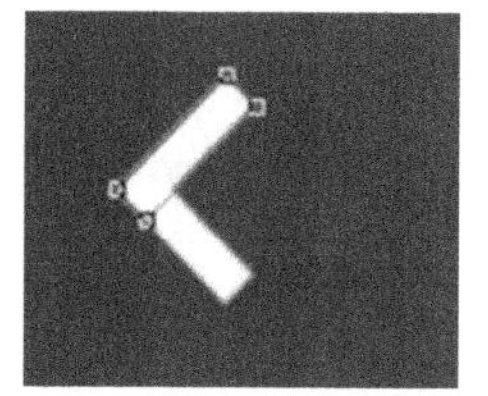

图 2-34　组合箭头效果图

7. 通过翻转功能制作箭头图案

按【Ctrl+G】将两个矩形组成的箭头分为一组，再按【Ctrl+J】复制组，制作右箭头。按【Ctrl+T】进入编辑状态后，鼠标右键组，选择“水平翻转”，将制作完成的左箭头与右箭头，分别移动至 Banner 左端与右端，如图 2-35 所示。

图 2-35　Banner 最终效果图

项目二　女包网站版面设计

网站页面的版式和布局有一些约定俗成的标准和固定步骤。根据网站的不同性质为网页规划不同的布局结构，不但能够改变整个界面的视觉效果，还能加深浏览者对网站的第一印象。

其实，网页布局结构就像是超市里物品的摆放方式。在超市中，理货员按照商品不同的种类和价位将琳琅满目的商品进行摆放，这种商品的摆放方式有助于消费者选购自己想要的商品。另外，这种整齐一致的商品摆放方式还能够激发消费者的购买欲望。网页布局也是同样的目的，通过对信息进行分类整理，使其系统化和结构化，以便于浏览者简捷和快速地了解信息。

本项目的目标是完成女包网站的版面设计，需求如下：

为主要销售产品是女包的企业，设计网站首页的版式。

该公司目标人群：16—24 岁青春少女人群，体现青少年的活泼可爱、青涩略成熟、稍带女性化。

品牌特性：内敛、含蓄、富有内涵。

根据网站的目标人群，得出以下设计思路：

1. 为了表现活泼可爱，可以通过鲜艳的色彩搭配在一起，产生强烈的视觉冲击效果，同时表现简约的主题；

2. 使用辅助线增加稳定性，传递品牌的内敛、含蓄、富有内涵的特征；

3. 铺设有彩色的底色，使视觉对比效果鲜明，并在保证画面整体统一性的同时，体现较强的时尚感；

4. 将图形裁剪成不同形状，体现动感；

5. 使用圆形，展现女性的柔和。

女包网站中使用色块代替图片，文字只起填充作用。女包网站完成后的效果，如图 2-36 所示。（源文件见光盘“项目素材\2 网站界面设计模块\项目二女包网站版面设计”文件夹。）

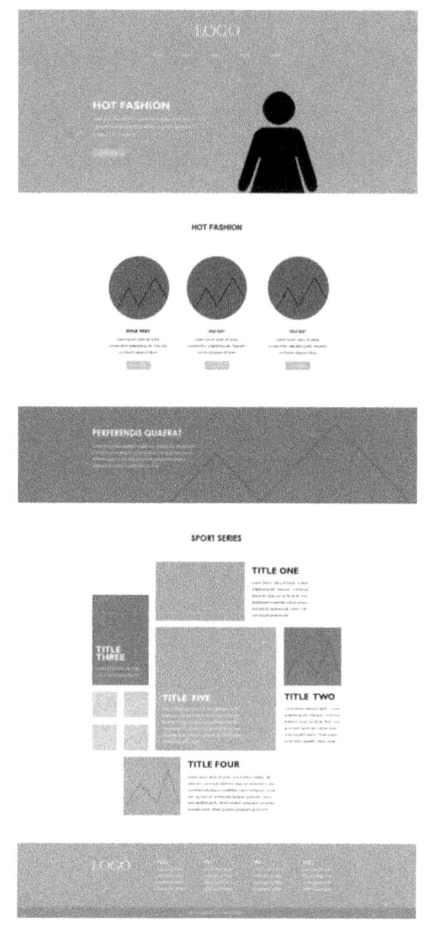

图 2-36　女包网站版面

任务一　制作页头

一、页头分析

多年以来，排版在网页设计中一直扮演着重要角色，大胆、强烈、沉重的页头能够有效地宣传电子商务网站或作品集网站。

然而一个巧妙的页头则更有助于呈现内容的结构，提升易读性。将丰富的字族运用到标题上，将排版技术从印刷界带入网页设计界，女包网站的页头由 Logo 和导航组成，完成后效果如图2-37所示。

图 2-37　页头效果图

二、新建文档

1. 启动软件并创建画布

启动 Photoshop，按快捷键【Ctrl＋N】新建一个 Photoshop 文档，设置文档宽度为 1980 像素，高度为 4240 像素，分辨率为 72 像素/英寸，文档命名为“女包网站版式设计.psd”。

2. 创建选区

按快捷键【M】使用“选区”工具设置样式为“固定大小”，宽度为 1980 像素，高度为 880 像素，新建选区，如图 2-38 所示。

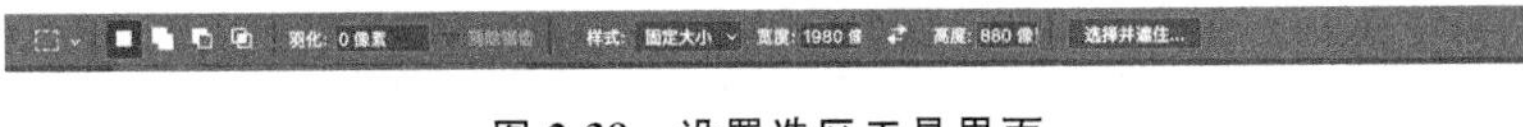

图 2-38　设置选区工具界面

3. 填充背景颜色

将“底色”图层的颜色设置为“＃ff8bb0”。按快捷键【Ctrl＋Delete】对选区范围进行填充制作背景色。

三、制作 Logo

1. 输入 Logo 文字

按快捷键【T】使用文本工具在画布中输入“Logo”填充文字，完成的样例如图 2-39 所示。

2. 设置 Logo 样式

设置字体为“Castellar”，大小为 70 像素，选择“全部大写字母”。设置参数，如图 2-39 所示。

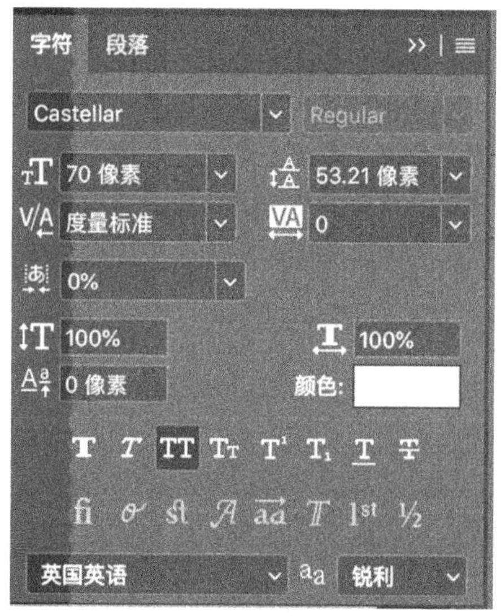

图 2-39 设置字体界面

四、制作导航

1. 创建导航文字

按快捷键【T】使用文本工具在画布中分别输入“home”

"about" "sport" "leisure" "fashion" 等链接名称。设置字体大小为 16 像素、首字母大写。

2. 调整文字位置

选中所有字体图层，按快捷键【V】切换至移动工具，选择"水平居中分布"。完成后页头如图 2-37 所示。

任务二　制作 Banner

一、Banner 分析

女包网站 Banner 主要内容为展示一款最热门的商品，其中左边为商品名称及介绍，右边放商品图片，完成后效果如图 2-40 所示。

图 2-40　Banner 效果图

二、制作广告文字信息

1. 创建文字

新建"商品名称"图层和"商品介绍"图层，按快捷键【T】使用"文本"工具，在画布中输入商品名称"HOT FASHION"及介绍文字，并对商品名称加粗。

2. 创建圆角矩形

新建“View More”图层，按快捷键【U】使用“矩形”工具，设置圆角值为5像素，绘制按钮参数，如图2-41所示。

图 2-41　设置圆角按钮界面

三、制作广告占位图

1. 创建初始图形

新建“商品图片”图层，按快捷键【Shift+U】，切换至“自定义图形”工具。在所有形状中，选择“女人”形状，选择界面，如图2-42所示。

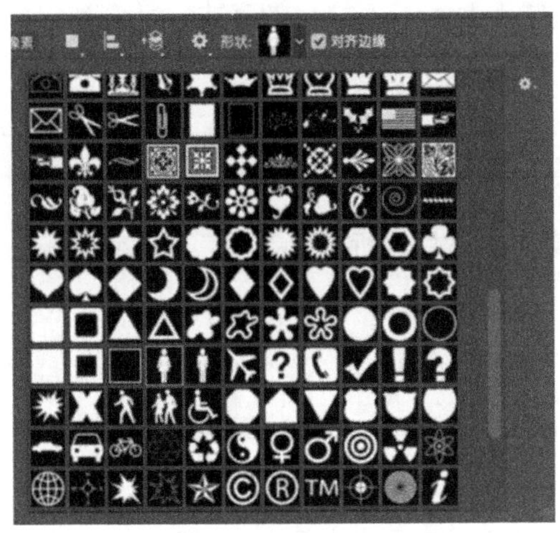

图 2-42　获取自定义图形界面

2. 裁剪图形

按【Shift】加鼠标左键，在画布中按原始比例绘制出女性形状。使用选区选中上半部分，建立蒙版，对其进行裁剪、设置，如图 2-43 所示。

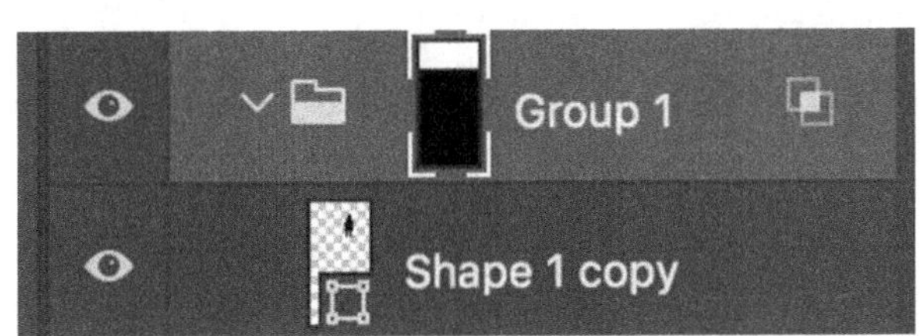

图 2-43　设置蒙版界面

四、组合广告文字及占位图

选中商品名称、商品介绍和 View More 图层，按快捷键【V】，选择左对齐。选中商品图片，与页头区域底边对齐，并置于右侧。加上 banner 后，我们完成了页头部分所有内容的制作，如图 2-40 所示。

任务三　制作热卖商品栏目

一、热卖商品栏目分析

“清晰”和“聚集”应该贯穿整个设计，文字表达应该做到简明扼要。将最佳内容推送到前方位置，避免语言冗长烦琐，切勿给自己添麻烦，要确保每个板块都能实现预期目标。建议使用简短的句式，配合清晰且强有力的语言。控制商品的介绍文字，将重要的信息直观地显示在界面中。热卖商品的布局设计为横向三组排列，其中介绍文字控制在三行内，多余的文字则通过“View More”按钮隐藏起来，热卖商品栏目的实现效果如图2-44所示。

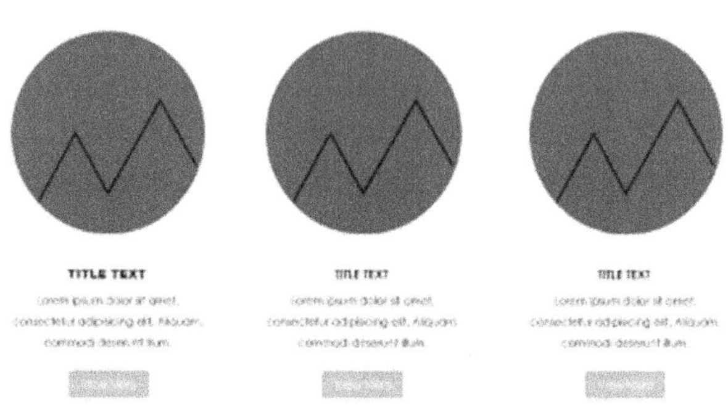

图 2-44　商品栏目效果图

二、制作填充图片

1. 创建椭圆

新建“商品填充图”图层，按快捷键【Shift＋U】，切换至“椭圆”工具，按住【Shift】键绘制正圆形，如下图 2-45 所示。

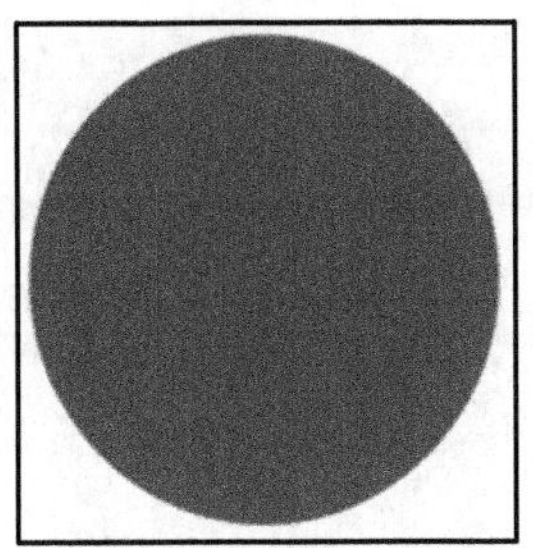

图 2-45　正圆图形

2. 绘制线条

按快捷键【B】，切换至“画笔”工具。画笔工具是直接使用鼠标绘制的工具，在使用画笔工具的过程中，按住【Shift】键单击画布的任意一点，则两点之间以直线相连接。绘制多条直线后，组成折线图，如图 2-46 所示。

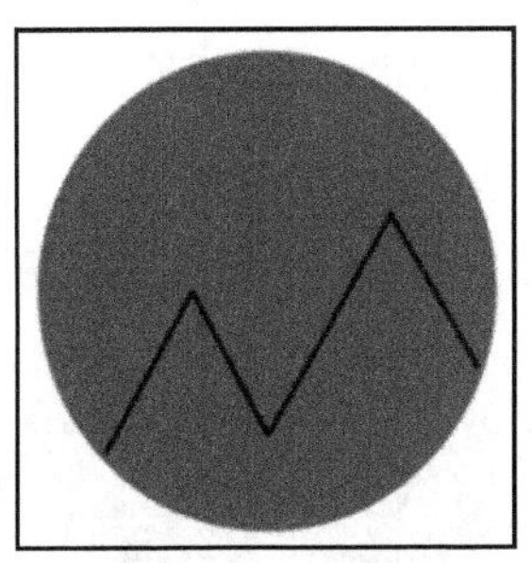

图 2-46　折线图

三、制作标题及介绍文字

1. 创建文字

新建“商品标题”图层，按快捷键【T】，切换至“横排文字”工具，输入填充文字“Title Text”，并设置参数，如图 2-47 所示。

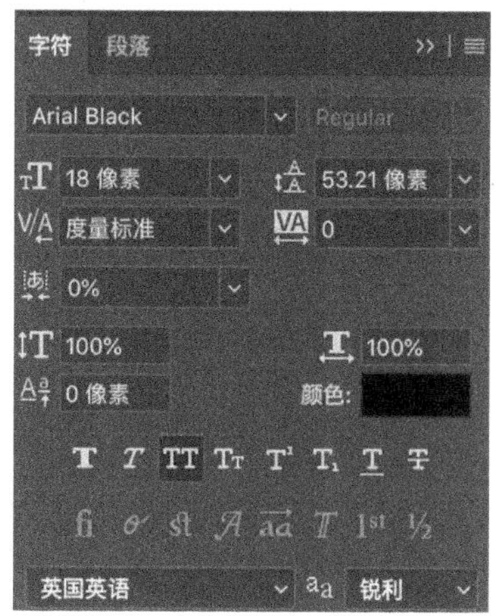

图 2-47　设置标题文字参数界面

2. 创建文本

新建“商品介绍”图层，输入填充文本段落，注意设置行间距为 30 像素，详细参数如图 2-48 所示。

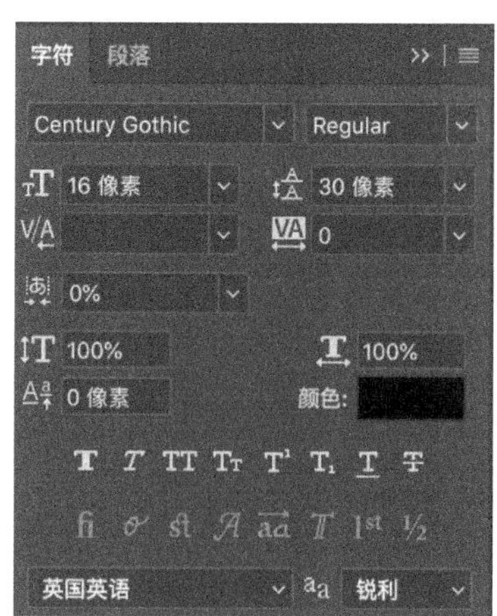

图 2-48　设置文字参数界面

四、商品组合

1. 组成单个商品

选中 Banner 中制作的“View More”按钮图层，按快捷键【Ctrl+J】复制图层，并移动到商品介绍文字下方。选中“商品折线图”“商品标题”“商品介绍”“View More”图层后，按快捷键【Ctrl+G】建立新的分组“热卖商品”。按快捷键【V】，切换至“移动”工具，设置图层对齐方式为“水平居中对齐”，完成后效果如图 2-49 所示。

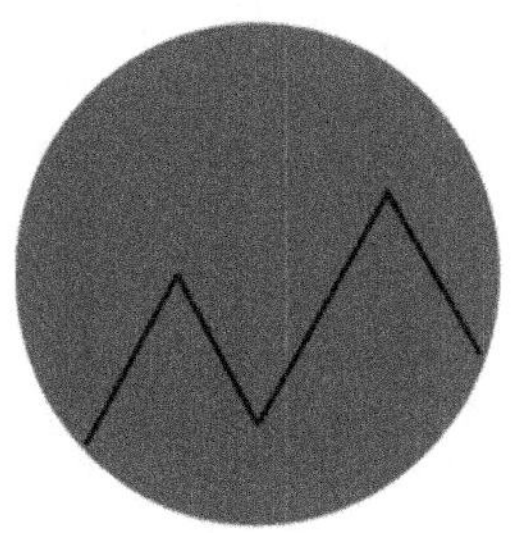

图 2-49　单个商品效果图

2. 组合排列多个商品

选中“热卖商品”图层组，按【Ctrl+J】复制 2 份。按快捷键【V】，切换至“移动”工具，选择“水平居中分布”，完成后效果如图 2-44 所示。

任务四　制作广告图

一、广告图分析

制作广告图的主要目的是为了引发顾客的兴趣，应针对目标客户群进行设计，谁购买，谁使用，都要考虑在内。广告图中的文案和图形也要精心设计，因为广告图是提升产品利润的关键，即可以营造促销氛围，也可以表现新款上线。本项目主要对广告图的版式进行设计，理论上页面中可以放无数张广告图，但过多的广告会影响用户寻找目标商品，影响用户体验，因此本项目中只放置一张广告图。

二、广告图制作

1. 创建背景

创建 1980 像素宽及 440 像素高的矩形选区，使用紫色背景色进行填充。

2. 添加文字

添加标题和广告描述文字，按快捷键【T】创建加粗的标题。

3. 绘制折线

按快捷键【B】，绘制折线。绘制方法见任务三中制作折线图片处。

4. 对齐元素

选中“标题”及“广告描述文字”，按快捷键【V】，进行左对齐，并放在广告图左侧。

5. 替换图片

折线代表替换图片，放在右侧。完成后效果如图 2-50 所示。

图 2-50　广告图

任务五　制作主题商品栏目

一、主题商品栏目分析

并非所有版式编排都需要辅助线来约束版面，但辅助线可以让版面保持均衡感，使图片和文字在一个规则下排列，脱离了辅助线版面容易发生混乱。 主题商品栏目完成后，效果如图 2-51 所示。

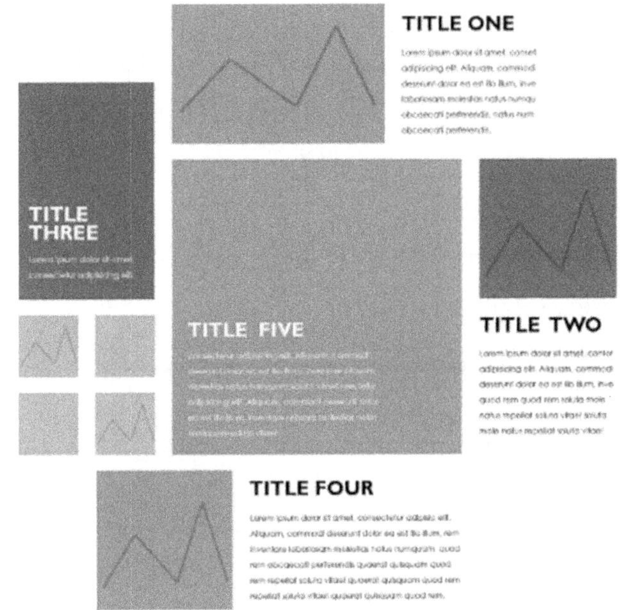

图 2-51　填充文字图

二、设置辅助线

1. 标尺

在画布中按快捷键【Ctrl＋R】，调出“标尺”工具，如图2-52所示。

图 2-52　标尺界面

2. 添加辅助线

鼠标在标尺上按住，拖动至画布，即能添加“辅助线”。（如果未显示“辅助线”，可以按快捷键【Ctrl＋；】显示“辅助线”。）

3. 调整辅助线位置

按照 150 像素的间距，在栏目区域内横向与纵向绘制多条辅助线，最终效果如图 2-53 所示。

图 2-53　辅助线界面

三、制作商品

1. 对齐元素

根据之前绘制的辅助线，按特定数量填充色块，最终效果如图 2-54 所示。

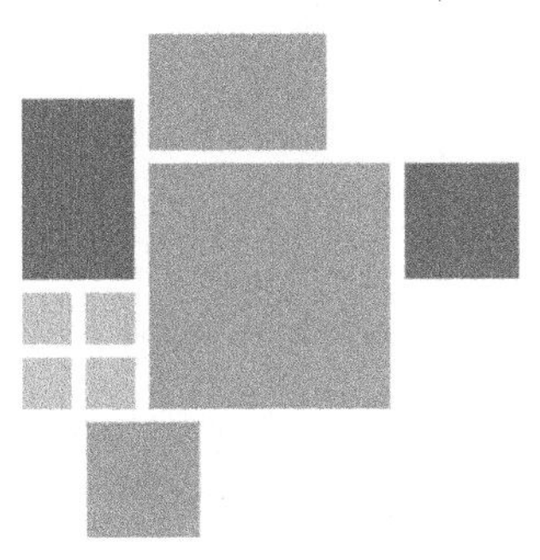

图 2-54　色块填充图

2. 添加文字

添加文字，其中标题设置为 40 像素并加粗，商品介绍文字大小为 16 像素。 添加填充文字后，效果如图 2-51 所示。

任务六　制作页脚

一、页脚分析

一般网页的页脚部分与导航栏在设计风格上是一致的，其显示的主要内容为“公司的介绍”“友情链接”和“联系我们”等文字。 本项目的页脚由 Logo 和网站地图横向排列组成，版权独占一行。 页脚依旧沿用原始风格，在保证整体界面效果的基础上，将深粉色色块放置在页脚，以平衡整个界面的视觉感。 完成后效果如图 2-55 所示。

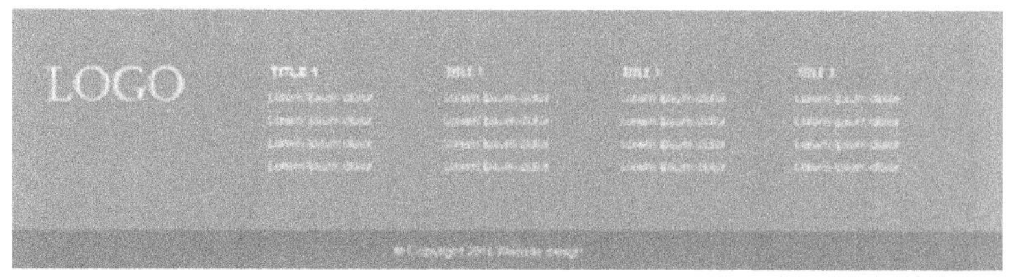

图 2-55　页脚图

二、页脚制作

1. 调整 Logo 位置

选中页头制作的“Logo”的图层，按【Ctrl+J】进行复制图层。 按快捷键【V】，切换至“移动”工具，将 Logo 图片拖动至页脚左侧。

2. 添加标题

新建图层“页脚栏目标题”，按快捷键【T】，使用“横排文字”工具添加标题，详细参数如图 2-56 所示。

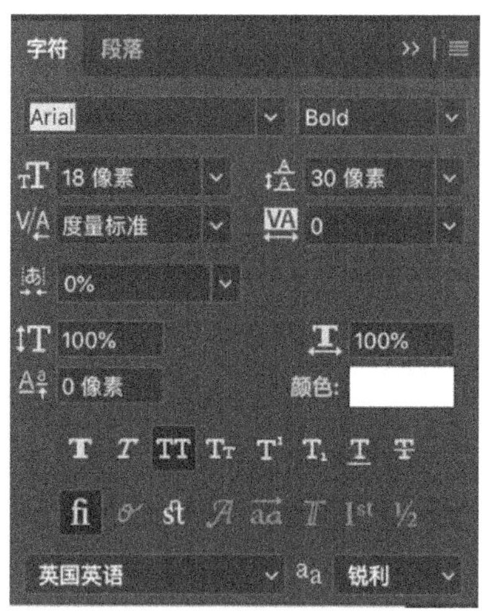

图 2-56　设置页脚标题界面

3. 添加链接文字

新建图层“页脚栏目链接”，添加链接文字，详细参数如图 2-57 所示。

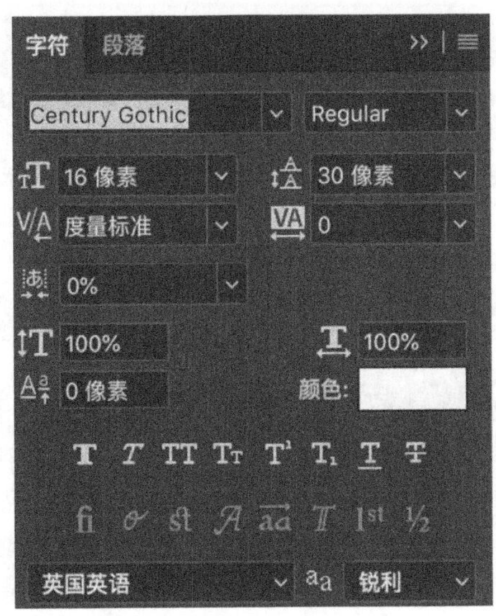

图 2-57　设置页脚链接界面

4. 创建多个文字段落

将栏目标题和栏目链接图层选中，按【Shift＋G】新建分组，将新建的分组通过快捷键【Shift＋J】复制 3 份。选中所有组，按快捷键【V】，切换至“移动”工具，选择“水平居中对齐”，效果如图 2-58 所示。

图 2-58　Logo 和网站地图组合效果图

5. 添加版权符号

按快捷键【Shift+U】，切换至“自由形状”工具，选择添加版权符号，如图 2-59 所示。

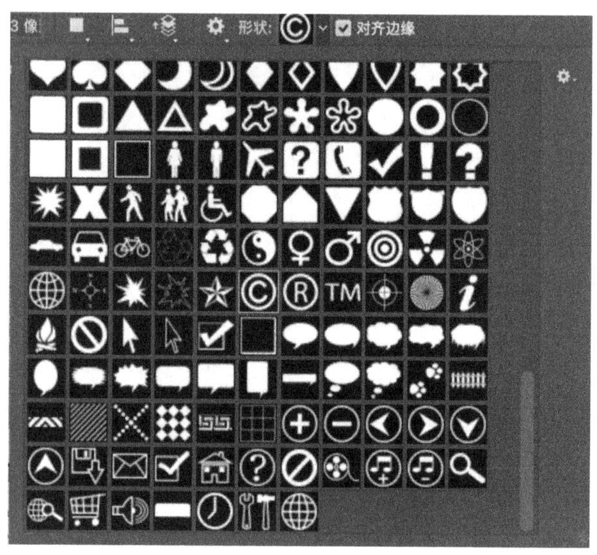

图 2-59　获取版权符号界面

6. 组合元素

将“Logo”“网站地图”“版权”进行组合，生成页脚，如图 2-55 所示。

项目三 运动鞋网站版面设计

本项目的目标是完成运动鞋网站的版面设计，需求如下：

为主要销售产品是运动鞋的企业，设计网站首页的版式。

该公司目标人群：25—35 岁年轻时尚白领，男女兼顾，具有一定的消费与审美能力，适当地突出个性。

品牌特性：专业、稳定、为顾客考虑。

根据网站的目标人群，得出以下设计思路：

1. 使用红×绿互补色增强表现效果，相互衬托体现动感；

2. 叠加半透明的色彩，色彩穿透真实产品，突出产品独特的质感；

3. 小面积地运用黑色表现运动中的紧绷感；

4. 将图形适当错位，突出产品的个性与专业；

5. 使用斜线，传递年轻时尚感；

6. 适当添加交互效果，为顾客增强易用性。

运动鞋网站完成后的效果如图 2-60 所示。（源文件见光盘“项目素材\2 网站界面设计模块\项目三运动鞋网站版面设计”文件夹。）

图 2-60 运动鞋网站版面图

任务一 制作页头

一、页头分析

网页设计师总是设法使用无所不能的轮播幻灯片效果。很多时候，轮播图看起来就像是一个一直切换的元素，永不停息，我们发现它在许多首页上仍然适用。对于运动鞋网站的设计，我们采用新型核心区域元素做法，其制作方法是将一个产品以单独的、放大的方式，设置在最醒目的位置。页头制作完成后效果如图 2-61 所示。

图 2-61　页头效果图

二、新建文档

1. 创建画布

启动 Photoshop，新建一个 Photoshop 文档，设置文档宽度为 1920 像素，高度为 3900 像素，分辨率为 72 像素/英寸，文档名称为“运动鞋网站版式设计. psd”。

2. 按快捷键【U】绘制椭圆形，参数如下图 2-62 所示。

图 2-62　设置选区界面

3. 绘制椭圆

按【Shift+U】切换至“矩形”工具，绘制灰色矩形。按快捷键【V】，切换至“移动”工具，将“灰色矩形”拖到页头左上角。找到对应图层按住【Alt】单击“矩形”和“椭圆形”两图层中间位置，矩形图层左边将会出现拐角箭头，如图 2-63 所示。

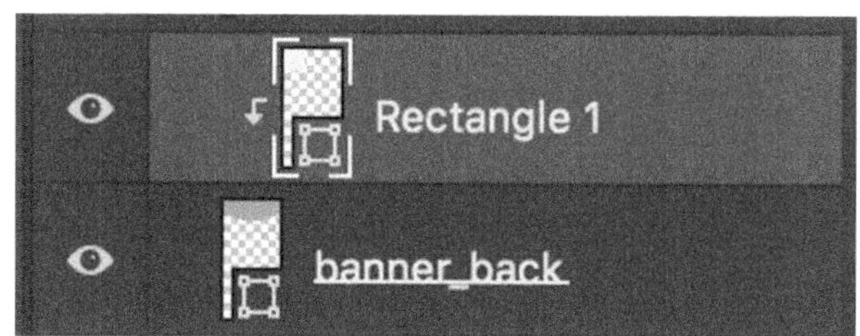

图 2-63 裁剪椭圆界面

该操作步骤以下方图层显示区域为范围，将上方图层的颜色层灌入下方图层中，实现对上方图层的裁剪，裁剪后效果如图 2-64所示。

图 2-64 页头背景图

4. 绘制图形

按【Shift+U】切换至“圆形”工具，绘制蓝色半圆。按快捷键【M】，使用“选区”工具配合【Delete】键删除半圆的右侧和上侧各半边。删除后效果如图 2-65 所示。

图 2-65 裁剪半圆效果图

5. 补充元素

在半圆之间的交界处，补充一个暗色小三角，使画面更立体。添加粉色圆形作为 Logo 代替图，使用突破的技巧增加动感。 最终效果如图 2-66 所示。

图 2-66　页头背景装饰图

三、填充文字

按【T】切换至“文本”工具，输入页头各栏目的填充文字，并分别设置各栏目填充文字的样式。

1. 制作导航

制作导航，设置文字大小为 36 像素，字体颜色为蓝色，文字详细参数如图 2-67 所示。

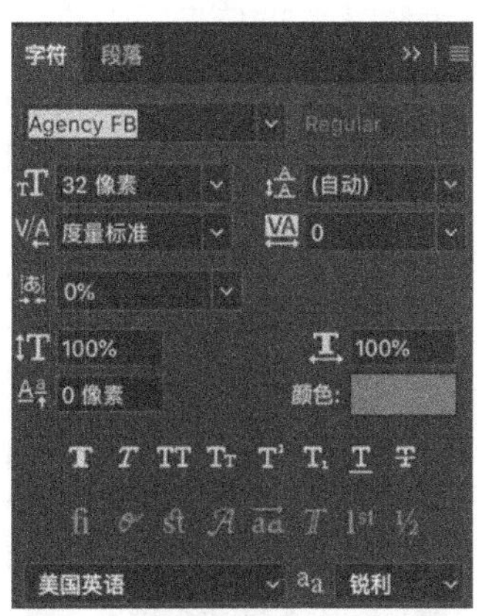

图 2-67　页头导航文字参数界面

2. 制作标题

填充标题，设置文字大小为 108 像素，字体颜色为白色，文字详细参数如图 2-68 所示。

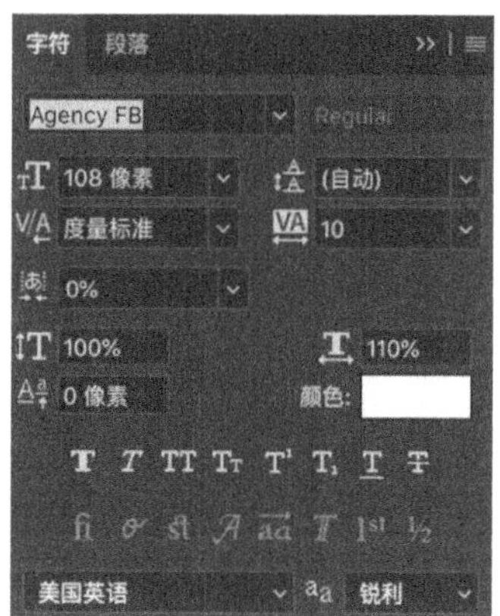

图 2-68　页头标题文字参数界面

3. 制作文本

填充文本，设置文字大小为 24 像素，字体颜色为“#FFF”，文字详细参数如图 2-69 所示。

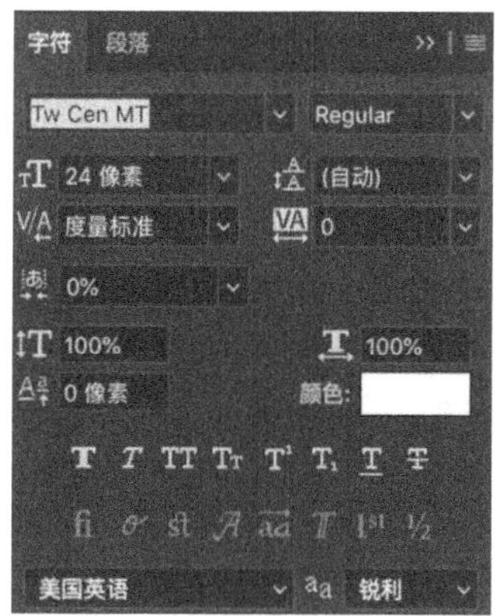

图 2-69　页头段落文字参数界面

4. 制作按钮

制作圆角矩形按钮，圆角值为 8 像素。组合页头各元素后，效果如图 2-61 所示。

任务二　制作商品列表

一、商品列表栏目分析

在进行排版设计时，对用户目光的移动方向进行预设是非常重要的，要想办法在页面中加入能够顺畅引导读者视线移动的元素来指引读者。本项目中的商品列表栏目采用“Z 字形”阅读顺序，商品列表完成效果如图 2-70 所示。

图 2-70　商品排列效果图

二、制作背景

1. 创建矩形

按【U】切换至“矩形”工具，创建宽 1920 像素，高 700 像素的长方形，按【Ctrl＋T】进入变形界面，输入旋转角度为10°。完成后倾斜效果如图 2-71 所示。

图 2-71　倾斜长方形效果图

2. 垂直翻转

选中制作的倾斜长方形图层，按【Shift＋J】复制一份图层。按【Ctrl＋T】进入“自由变形”界面，右键单击倾斜的长方形，选择垂直翻转功能，选项如图 2-72 所示。

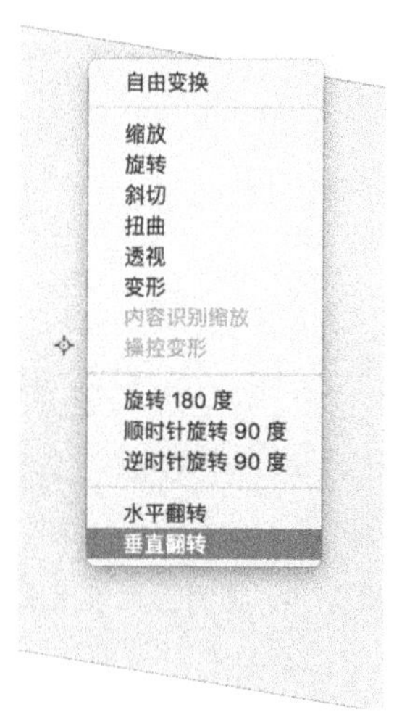

图 2-72　垂直翻转菜单

3. 拼接元素

将制作的倾斜长方形按照图 2-73 所示排列，并添加标题。

图 2-73 排列后效果图

三、制作商品

1. 制作按钮

为商品制作“加入收藏”和“加入购物车”按钮。按钮主要有两个作用：一是提示作用，通过提示性的文本或图像提示浏览者；二是动态响应作用，当浏览者进行不同操作时会呈现出不同的效果。设计按钮需要注意易用性和可操作性。制作时，首先绘制圆角矩形，设置圆角值为 5 像素。按快捷键【Shift＋U】，使用“自定义形状”工具，找到“红心形卡”和“购物车”图形，组合圆角矩形，如图 2-74 所示。

图 2-74 收藏与购物车按钮

2. 制作图层

新建“商品价格”图层，设置字体大小为 94 像素，字体颜色为深蓝色等，如图 2-75 所示。

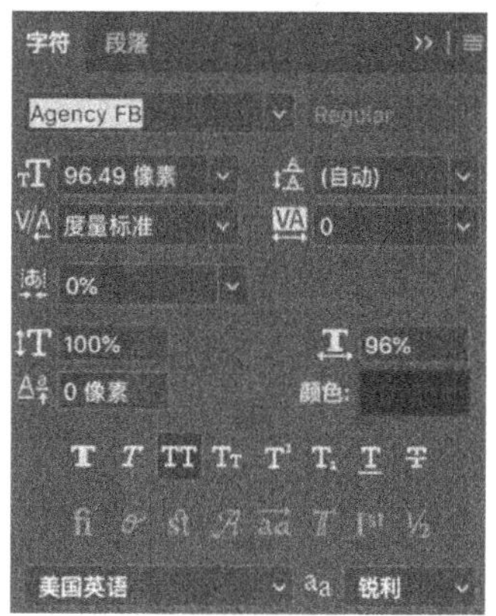

图 2-75 页头导航文字参数界面

3. 设置标题属性

新建“商品标题”图层，设置字体大小为 36 像素，字体颜色为深蓝色，文字详细参数如图 2-76 所示。

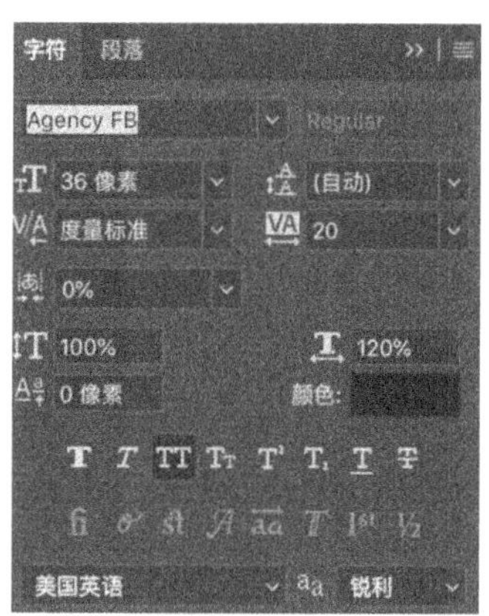

图 2-76 页头标题文字参数界面

4. 设置段落属性

新建“商品介绍”图层，设置字体大小为 20 像素，字体颜色为黑色，文字详细参数如图 2-77 所示。

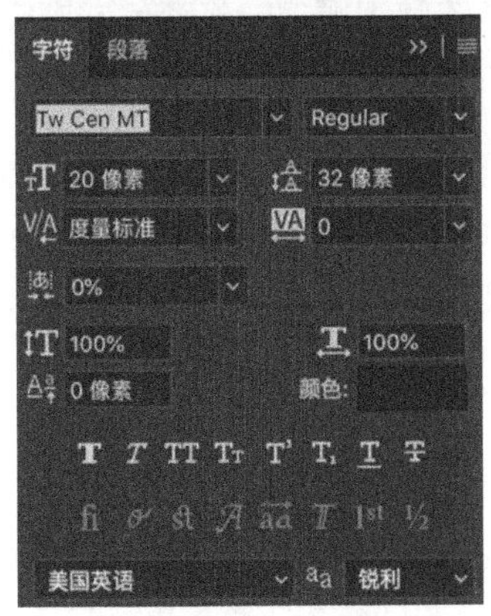

图 2-77　页头段落文字参数界面

5. 将单个按钮与文本组合后，单个商品的效果如图 2-78 所示。

图 2-78　单个商品效果图

四、排列商品

1. 排列商品

使用“Z”字形的阅读顺序，将商品左右交替进行排列，如图2-70 所示。

2. 制作按钮

按快捷键【Shift＋U】，使用圆形工具，按住【Shift】拖出一个正圆后，输入“SEE MORE”，制作查看更多按钮，如图2-79 所示。

图 2-79　查看更多按钮效果图

任务三　制作热销商品栏目

一、制作热销商品栏目分析

将标签与流行的扁平风格结合起来，使用基本的阴影就能取得不错的效果。一个标签设计实际上是页面中最引人注目的元素。在标签内填写说明文字，并放置在醒目位置，我们立即明白它的用途是什么。热销商品栏目完成后效果如图 2-80 所示。

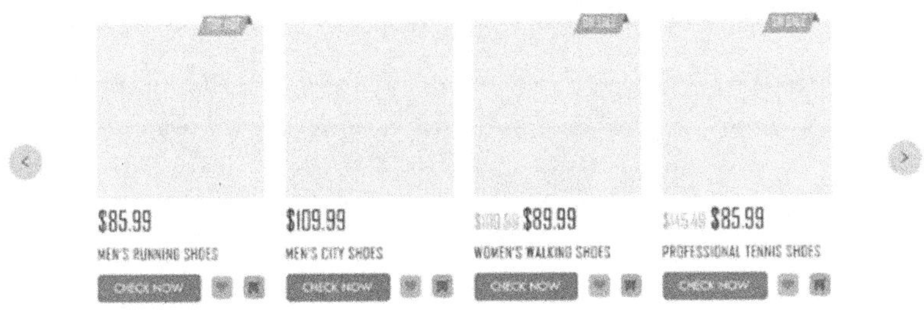

图 2-80　热销栏目效果图

二、标签制作

1. 创建矩形

按快捷键【U】，使用“矩形”工具，创建一个宽度为 90 像素，高度为 38 像素的长方形。

2. 自由变换

选中创建的长方形图层，按【Shift＋T】进行自由变化。按住【Ctrl】键，将鼠标移到长方形的上边，按住鼠标左键，进行水平拖动，制作平行四边形，如图 2-81 所示。

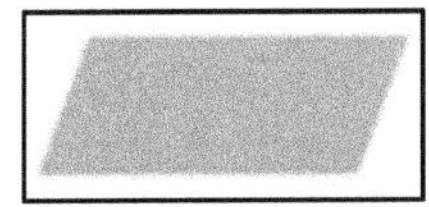

图 2-81　平行四边形

3. 制作平行四边形阴影

按快捷键【Shift＋U】，切换到“多边形”工具，设置“边”数为 3，详细参数如图 2-82 所示。

图 2-82　设置三角形界面

4. 设置元素阴影

将制作的多边形和阴影添加至矩形上方，制作标签效果，如图 2-83 所示。

图 2-83　商品组合图

三、商品组合

1. 复制图层

添加文字后，复制按钮图层。 组合如图 2-84 所示。

图 2-84　商品填充文字图

2. 进行图片分组

选中单个商品所有图层按【Shift＋G】进行分组，按【Shift＋J】复制分组 3 份，选中所有分组按【V】，设置为“水平居中分布”，最终完成后效果如图 2-85 所示。

图 2-85　水平排列商品效果图

四、制作交互按钮

1. 创建左箭头

按快捷键【T】，输入文本“＜”作为左箭头。

2. 制作按钮

按快捷键【Shift＋U】，切换至“圆形”工具，绘制正圆形，组合“＜”文字，完成后效果如图 2-86 所示。

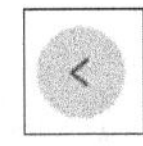

图 2-86　左切换按钮效果图

3. 水平翻转按钮

按选中制作的左侧切换按钮，按【Shift＋T】进入自由变形界面，右键按钮选择水平翻转，如图 2-87 所示。

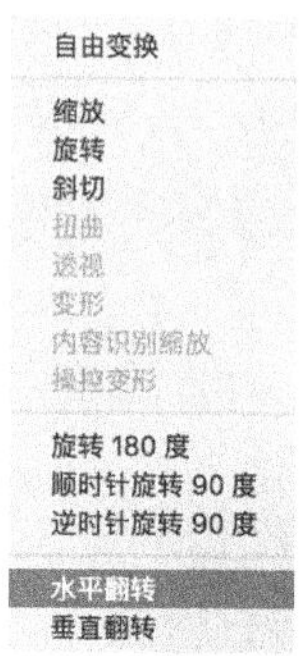

图 2-87　水平翻转菜单

4. 调整按钮位置

将切换按钮放置在热销商品栏目左右两侧，完成的热销商品栏目如图 2-80 所示。

任务四　制作促销栏目

一、促销栏目分析

促销栏目标题仍旧沿用标签的风格制作，内部商品版式进行独立设计，商品之间可以通过交互效果进行切换。栏目完成后效果如图 2-88 所示。

图 2-88　促销栏目效果图

二、制作标题

1. 创建矩形

按快捷键【U】，使用“矩形”工具，在画布中绘制宽 500 像素，高 50 像素的长方形，如图 2-89 所示。

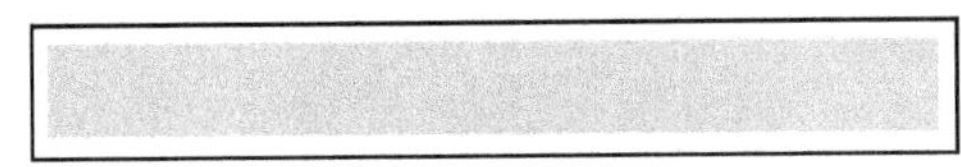

图 2-89　标签矩形图

2. 变换图形

按快捷键【Ctrl＋T】，进入“自由变换”界面，单击变形，如图 2-90 所示。

图 2-90　自由变换工具栏界面

3. 添加效果

制作标签的效果，拖动手柄如图 2-91 所示。

图 2-91　设置标签手柄界面

4. 调整图层位置

变形完成后单击确认，并将图层放置在文字下方，如图 2-92 所示。

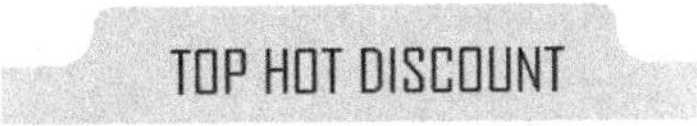

图 2-92　标题标签图

三、制作商品

1. 创建图形

绘制圆角值均为 5 像素的三层矩形。填充文字后效果如图 2-93所示。

图 2-93　促销商品效果图

2. 设置文字属性

按【Ctrl + J】复制之前商品图层，修改版式，并设置“40%”关键词加粗等，详细参数如图 2-94 所示。

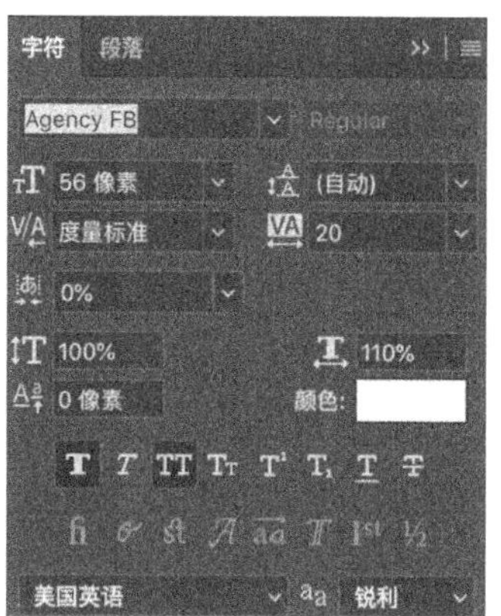

图 2-94　案例商品文字界面

3. 加粗加大文字

加粗加大关键词，可以直观地向用户传递折扣信息，如图2-95所示。

图 2-95　折扣信息效果图

4. 绘制矩形

第三个商品首先绘制长条圆角矩形，如图 2-96 所示。

图 2-96　彩条图

5. 制作多个图形

按【Ctrl+J】复制图层，制作多个图形，按【Ctrl+T】进行等比例缩放并改变颜色。多个图形组合后效果如图 2-97 所示。

图 2-97　彩条组合图

6. 裁剪

按住【Alt】在两个图层之间单击，可以使颜色层灌入另一个图层进行裁剪，设置参数，如图 2-98 所示。

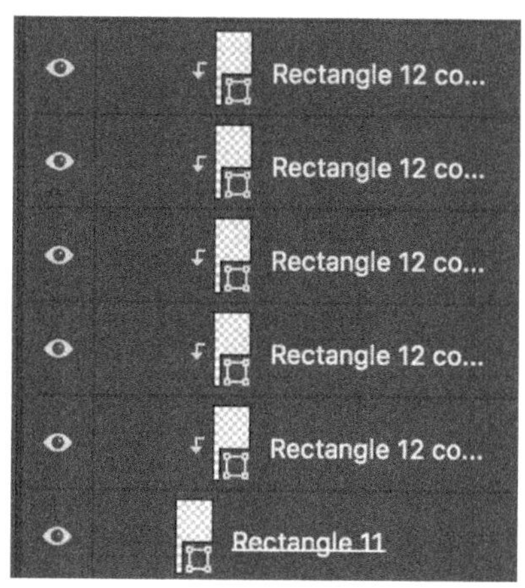

图 2-98　设置图层裁剪界面

7. 裁剪图形

裁剪后效果如图 2-99 所示。

图 2-99　裁剪后商品栏目效果图

四、制作交互

1. 创建矩形

按快捷键【U】，使用“矩形”工具，绘制宽 90 像素，高 6 像素的长方形，如图 2-100 所示。

图 2-100　切换用矩形效果图

2. 调整位置

按快捷键【Ctrl＋J】，复制 3 份。按快捷键【V】，选择“水平居中分布”，如图 2-101 所示。

图 2-101　组合矩形效果图

3. 调整位置

选中左右切换按钮图层，按快捷键【Ctrl＋J】复制 1 份。按快捷键【V】，选择“移动”工具，按住【Shift】垂直往下平移，组合如图 2-88 所示。

任务五　制作页脚

一、页脚分析

本项目的页脚包含横向排列的“合作伙伴”“联系我们”“关于我们”“加入订购”4 个栏目及独占一行的版权信息栏目。依旧沿用当前网站风格，在保证整体界面效果的基础上，将深蓝色色块放置在页脚，以平衡整个界面的视觉感。完成后效果如图 2-102 所示。

图 2-102　页脚效果图

二、页脚制作

1. “合作伙伴”“联系我们”“关于我们”“加入订购”4 个栏目的标题和内容字体参数如图 2-103 所示。

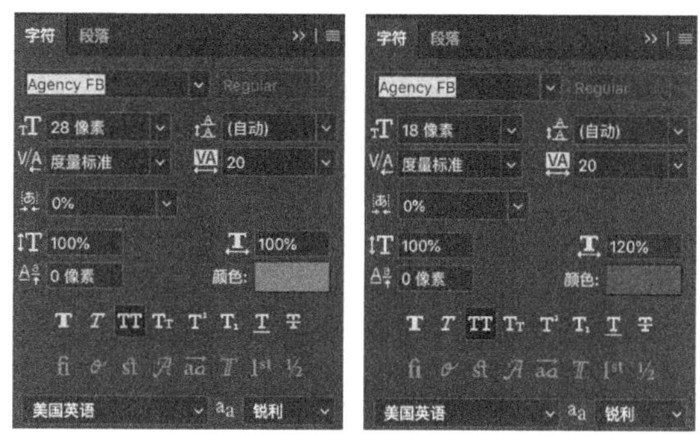

图 2-103　设置页脚字体界面

按快捷键【Shift+G】组合标题及填充文字，效果如图 2-104 所示。

COOPERATING PARTENERS

COOPERATING BRANDS
STORE LOCATION
ONLINE STORES
CONTACT OUR SPONSORS

图 2-104　组合效果图

2. 调整位置

选择“合作伙伴”图层组，按快捷键【Ctrl＋J】复制图层 4 份。 按快捷键【V】，选择“移动”工具，按“水平居中分布”，效果如图 2-105 所示。

COOPERATING PARTENERS
COOPERATING BRANDS
STORE LOCATION
ONLINE STORES
CONTACT OUR SPONSORS

CONTACT US
COOPERATING BRANDS
STORE LOCATION
ENTER YOUR EMAIL
SUBSCRIBE

FOLLOW US
COOPERATING BRANDS
STORE LOCATION
ONLINE STORES

GET SUBSCRIBED
COOPERATING BRANDS
STORE LOCATION
ONLINE STORES
CONTACT OUR SPONSORS

图 2-105　页脚各栏目效果图

3. 添加文字

添加页脚色块及版权文字，完成后效果如图 2-102 所示。

◆综合实训　页面重设计

本次实训以第 43 届世界技能大赛全国选拔赛网站设计赛项中的页面重设计模块真题为例，讲解对应知识点、解题步骤及得分要点。

赛题任务是为美国知名服装品牌 Nautica 主页进行重设计。该设计是一种响应式的网站，为使用电脑、平板电脑或智能手机的用户提供一个最佳的视觉体验。

赛题提供了原始网站页面和相关图片素材。

任务是完成一份设计，展现如何将原有的内容在 3 种设备中（电脑、平板电脑和智能手机）进行重新布局。 案例演示的最终设计稿如图 2-106、2-107 和 2-108 所示。

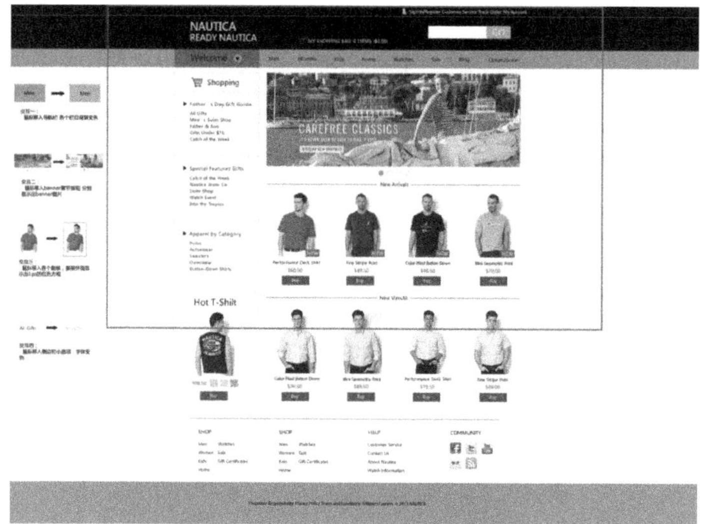

图 2-106　电脑端设计稿

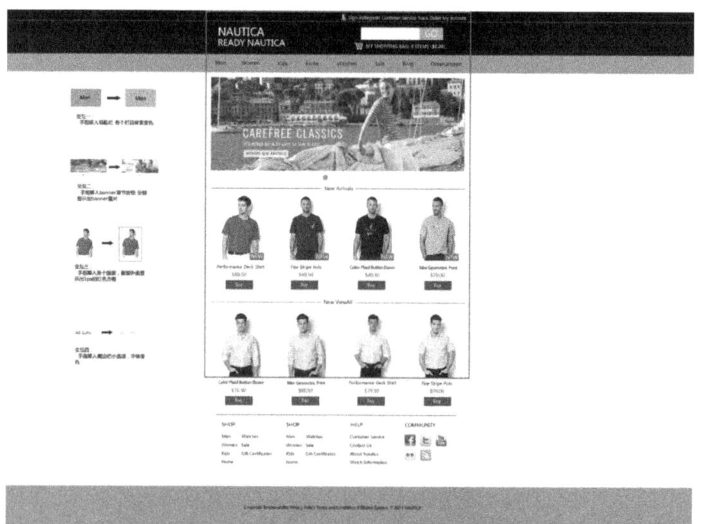

图 2-107　平板电脑端设计稿

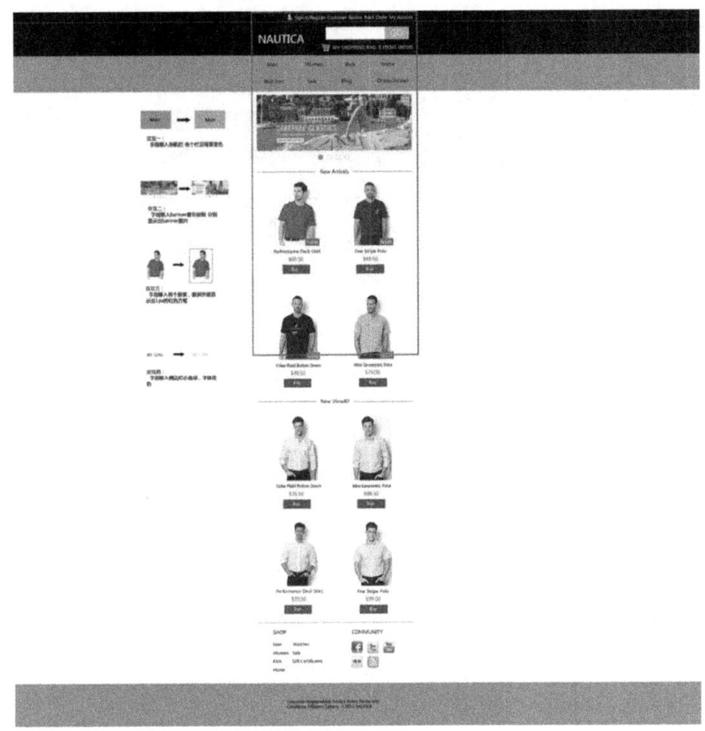

图 2-108 手机端设计稿

在制作设计稿之前，首先分析赛题要求及实现方法，得出本项目对照赛题各功能点的要求来进行设计。赛题得分点解析如表 2-1 所示。

表 2-1 赛题解析

赛题要求	赛题分析表
需要设计电脑端、平板电脑和手机端浏览效果	考虑到需要实现 3 种分辨率的设计稿以及后续模块还需将其实现成网页，应综合考虑设计的复杂度，避免出现无法完成的情况

续　表

赛题要求	赛题分析表
三种设备的分辨率分别为：1440px 像素×900 像素（电脑）、768 像素×1024 像素（平板）、480 像素×960 像素（智能手机）	需要注意超出分辨率宽度的设计内容将不得分
手机端和平板端至少要有两个以上的交互效果，效果适当，不包括 Banner 动画。选手可以创建额外的图片或者提示信息来展示设计中的交互操作	交互效果包括隐藏元素、动画效果或者任何有助于优化响应式站点的额外信息。 说明信息做在一个设计稿中或者做成多个设计稿均可
站点设计图必须使用真实像素尺寸单位。每个设备的设计图上都应有一个小于“4 像素”宽的清晰可见边框（颜色自定）。每个边框使用规定的三种分辨率来展示每个设计页面在三种设备中全屏显示时的实际可见范围和效果	边框大小为对应分辨率的宽高，也就是各分辨率下网站首屏展示的效果，设计中尽量把主要的信息展现在首屏内
页面的可读性和可用性	针对手机端需要调整页面中字体的大小与间距以达到良好的可读性；适当调整交互区域与按钮大小，以增加可用性
页面的设计和配色符合所提供的公司主题	重设计的风格不能与公司的品牌定位和设计风格相差太多

任务一　电脑端制作

电脑端使用的页头和页脚结构布局相同，中间被分成大小不等的两列的页面布局结构，页头是标题及网站导航，中间的左侧是一列较窄的侧边栏链接，中间的右侧为网站的主要内容，页脚是一些网站的辅助信息。

一、设计风格

1. 配色

原网站的风格偏商务，目标人群也是20岁以上的男性为主。由黑色、白色等极度简约的色彩构成的配色可以体现时尚优质感。最后主要选用色调为黑色（＃010101）、灰色（＃999999）、橙色（＃ff9326）。

2. 版式

考虑目标人群网站主要采用简洁稳定的版式进行布局，便于用户快速查看自己想购买的商品。

二、设计页头

赛题要求页面的页头包括Logo和顶部菜单（Sin-in/Register）。一般网页的页头还可能出现“联系我们”“关于我们”“帮助”“网站地图”等信息。

1. 新建文稿设置画布大小为宽度2000像素，高度170像素，按【U】切换矩形工具栏，创建宽度为2000像素，高度为120像素的黑色矩形，与宽度为2000像素，高度为50像素的灰色矩形，按住【Shift】再按【U】切换至直线工具，在画布垂直位置“Y”为30像素的地方绘制宽度为1像素的横向灰色直线。

2. 打开图片素材“global_sprite. png”，使用裁剪工具获取Logo部分。

3. 组合剩余的文字和图片完成页面的页头，如图2-109所示。

图 2-109　电脑端页头效果图

三、设计侧边栏

侧边栏导航通常位于左侧，它位于“拐”角布局的最左侧，作为信息主干，也符合用户的浏览习惯。侧边栏让右侧的画板形状尺寸不尽相同，设计师可按非常规的方式来展现视频和图片，创造更独特的视觉体验，并且侧边栏导航以更加干净优雅的方式呈现更多的链接。

设计侧边栏需要注意以下几点：

1. 侧边栏导航不会像汉堡菜单一样一开始就隐藏其中的条目。

2. 侧边栏中的条目优先级基本一致。

3. 当前的侧边栏通常会留有足够的空间，让后续的条目能够加入进去。

4. 导航中的词语必须足够简短，否则导航栏会较宽，或者部分内容无法显示。

结合以上思路，我们设计侧边栏显示内容包括有站点链接和一件主要产品，制作侧边栏的步骤如下：

1. 新建文稿设置画布大小为宽度 258 像素，高度 930 像素，按【U】切换矩形工具栏，创建边框为“# a9ccf6”，填充色为透明的矩形。

2. 按【T】键切换至文本工具，在与边框保留 30 像素宽度

（内边距）的情况下，创建侧边栏文字内容，一个链接占一行。

3. 打开图片素材“p14727723v130.jpg”，按下【Ctrl+T】进入编辑界面，按住【Shift】进行等比例缩放至合适大小。

4. 组合侧边栏边框与文字图片，最终效果如图 2-110 所示。

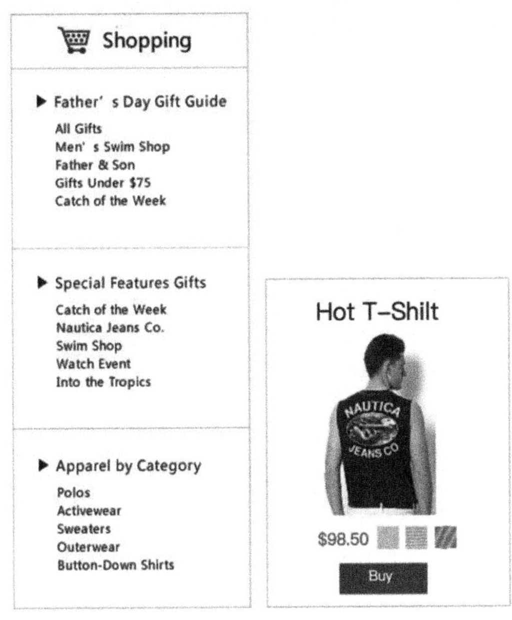

图 2-110　侧边栏效果图

四、设计 Banner（广告）

Banner 动画需要设计交互效果。展示多张 Banner 及其切换的效果，制作交互切换按钮的方法参考项目一中任务三的交互设计。完成后效果如图 2-111 所示。

图 2-111　Banner 效果图

五、设计商品栏目

每件商品的设计需要包括商品图片、价格、文本、购买按钮。对新上架的产品还要备注购买“NEW”图标。制作步骤如下：

1. 新建文稿设置画布大小为宽度 750 像素，高度 300 像素，按【U】切换直线工具，创建宽度为 1 像素的直线后按【Ctrl+J】复制一层，与文字垂直居中对齐。

2. 使用矩形工具制作“NEW”图标，组合上一步完成的商品栏目。

3. 将标题和商品栏目内容组合后的效果如图 2-112 所示。

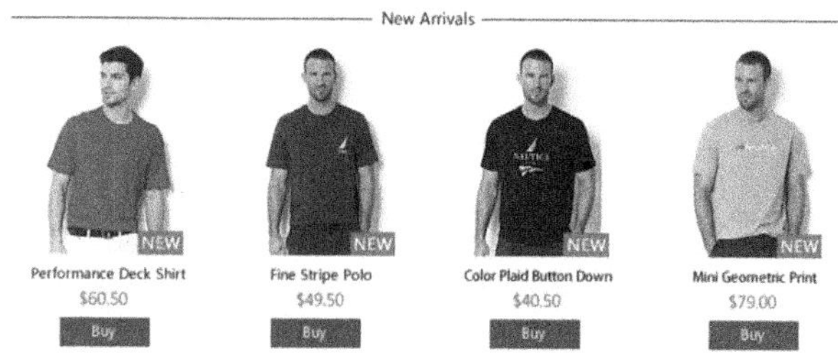

图 2-112　商品排列效果图

六、设计页脚

页脚需要展示原网站中的公司信息、版权、导航，以及 5 个社交媒体图标，制作效果如图 2-113 所示。

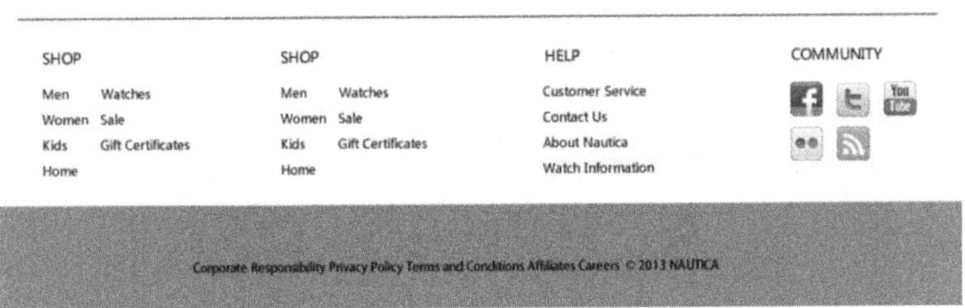

图 2-113　页脚效果图

七、设计交互效果

当用户将鼠标悬停在某个商品上时，其边框会由白色变为红色。这种细节处理会增强清新、极简的设计效果，使其更加引人注目。

赛题中体现交互设计的方法主要有：额外制作一份交互效果发生时的设计稿，或者在分辨率外的空白区域中制作交互说明。这里我们选用的是后者，设计效果如图 2-114 所示。

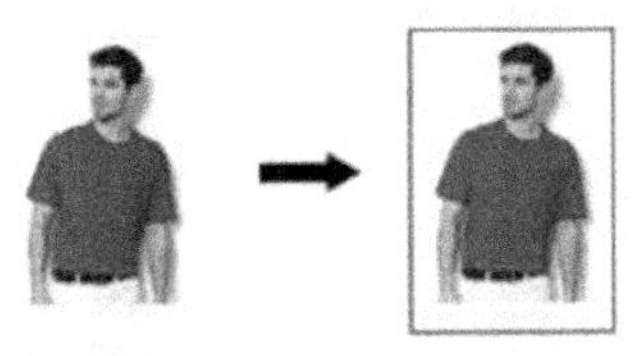

图 2-114　商品交互效果图

八、保存设计稿

跟着以上步骤组合完成各栏目后，按快捷键【Shift＋Ctrl＋S】进行另存操作，按赛题要求，不同分辨率的设计稿以不同的文件名来命名，如电脑端设计稿命名为“XX_Computer.jpg”，其中 XX 在比赛中为选手的编号。

任务二　平板电脑端制作

为了更清晰地显示商品内容，平板端直接去掉了侧边栏，并使用“三”字形的页面布局结构，页头是标题及网站导航，之后主要内容中的每部分都占一整行，页脚包括一些网站的辅助信息。平板电脑端设计稿需要命名为“XX_Tablet.jpg”，界面如图 2-115 所示。

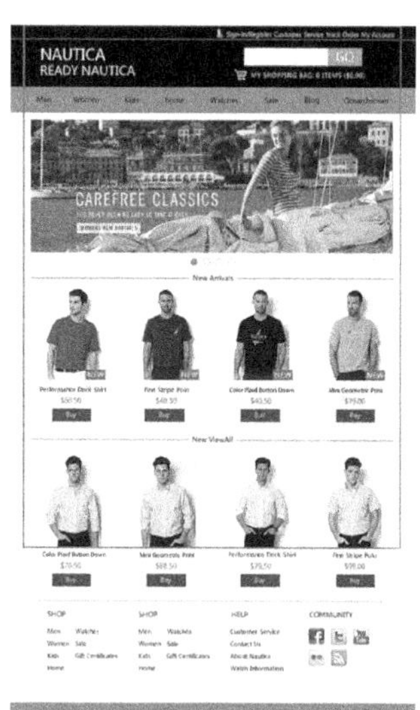

图 2-115　平板电脑端效果图

任务三　手机端制作

为了使之前的设计能够适应宽度较小的手机端，主要采取了以下方法来缩小整份页面设计的宽度。 手机端设计稿需要命名为“XX_Smartphone. jpg”。

1. 整合栏目

将搜索框和购物车整合到一列，如图 2-116 所示。

图 2-116　手机端搜索框与购物车效果图

2. 放大并调整导航位置

放大导航字体，并换行，如图 2-117 所示。

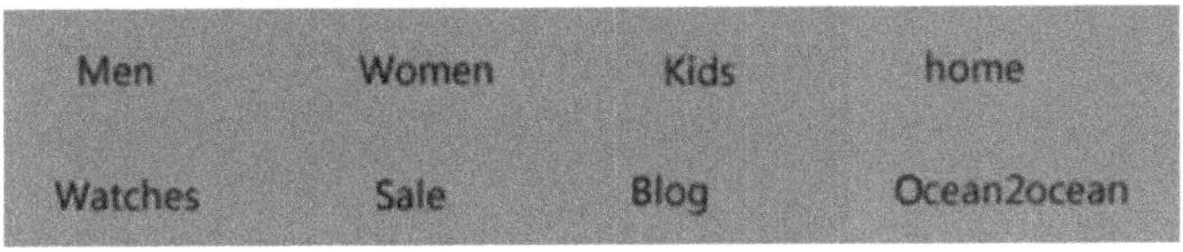

图 2-117　手机端导航效果图

3. 调整数量

将商品从每行 4 个缩减到每行 2 个，如图 2-118 所示。

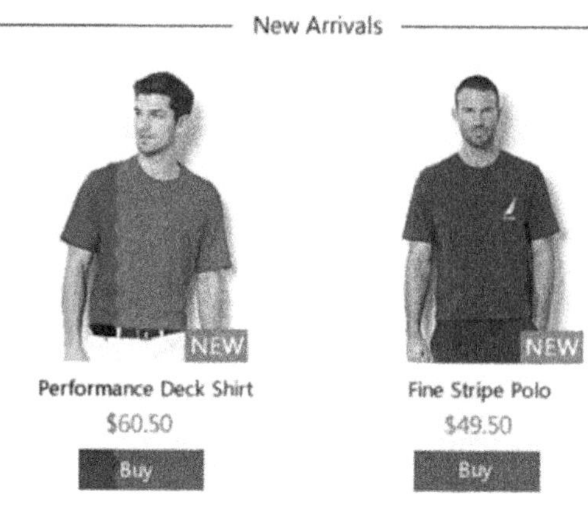

图 2-118　手机端商品排列效果图

4. 调整信息数量

将页脚信息从 4 块缩减至 2 块，如图 2-119 所示。

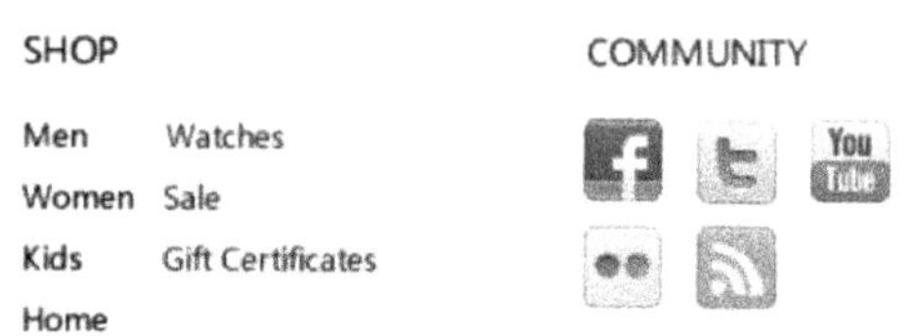

图 2-119　页脚信息效果图

项目小结

在本项目中，通过真实的赛题了解了世赛中页面重设计模块常见的得分点及处理方法。在练习的过程中，学习了如何处理不同分辨率下内容的显示方式。希望读者通过对这个案例的学习，可以在以下方面有所收获：

1. 了解如何基于原网站风格对其进行重设计。

2. 如何在设计稿中体现交互效果。

3. 掌握比赛得分点。

通过本项目的学习与实践后，填写表 2-2 进行自我评价。

表 2-2　自我评价

评价内容	评价等级			
	整体低于行业标准	整体达到行业标准	部分高于行业标准	整体优于行业标准
三种分辨率/设备下，整体设计的观感				
页面设计和配色符合所提供公司主题				
重设计具备很好的交互性功能以及合适的按钮大小				
完成的文件和源文件被以正确的形式提交了				
小于 4 像素的清晰可见的边框，用于表现每张设计文件的设备屏幕分辨率范围				

本项目所用到的快捷键，如表 2-3 所列。

表 2-3　快捷键列表

快捷键	说明
【Ctrl+T】	自由变换工具
【Shift+J】	复制图层
【Ctrl+Shift+S】	文件另存为
【V】	移动工具
【U】	矩形工具

课后练习

对 Louver 网站的原有主页进行重设计。该设计是一种响应式的网站，为使用电脑、平板电脑或智能手机访问该网站的用户提供一个最佳的视觉效果。原网页见图片素材“Site officiel du muse'e du Louvre”。

第三章　响应式页面实现模块

项目一　制作企业网站

随着互联网的发展，越来越多的企业依靠互联网寻找商业机会。本项目通过制作“企业网站”了解制作网页所需的基本知识与制作流程。完成后的效果图如图 3-1 所示（本项目主要以练习布局基础为主，因此贴图仅使用色块）。

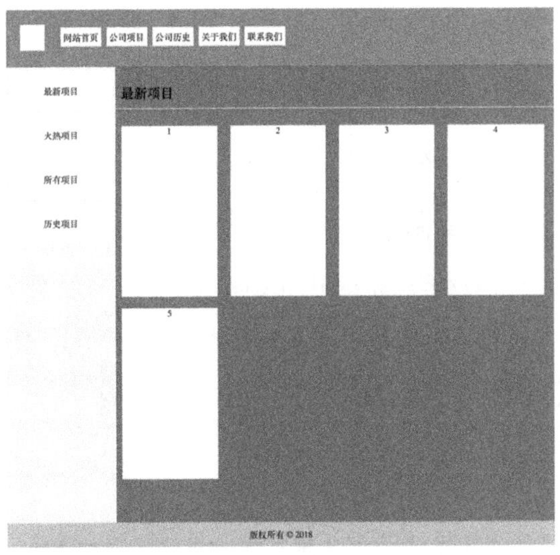

图 3-1　完成后的首页效果图

本项目参照世界技能大赛标准，采用行业内主流的 HTML5＋CSS3 版本作为规范，如表 3-1 所示为各浏览器对 HTML5 及 CSS3 属性的支持程度。 从表 3-1 中可知 Chrome 对 HTML5 及 CSS3 整体支持最为优秀，建议读者采用 Chrome 浏览器进行学习与查阅。

表 3-1　各浏览器对 HTML5 及 CSS3 兼容情况表

浏览器 / 功能项	(IE)	(Firefox)	(Chrome)	(Safair)	(Opera)
CSS3 属性	部分兼容	部分兼容	部分兼容	部分兼容	部分兼容
CSS 选择器	部分兼容	完全兼容	完全兼容	完全兼容	完全兼容
Web 应用程序	不兼容	部分兼容	完全兼容	不兼容	完全兼容
图形和内嵌内容	不兼容	完全兼容	部分兼容	完全兼容	部分兼容
音频、视频	不兼容	部分兼容	完全兼容	部分兼容	不兼容
表单输入	不兼容	不兼容	完全兼容	不兼容	完全兼容
表单属性	部分兼容	部分兼容	完全兼容	部分兼容	完全兼容

任务一　企业网站 HTML 结构的编写

一、HTML5 基础结构

基本的 HTML5 页面代码如下所示：

```
<!DOCTYPE HTML>
<HTML lang="en">
<head>
    <meta charset="UTF-8">
    <title>Title </title>
</head>
<body>
```

```
        <img src="head6.jpg" alt="头像图片">
        <a href="www6.baidu6.com">百度链接</a>
    </body>
    </HTML>
```

HTML 定义了各种各样的标签，它们在 HTML 文档中表达着各不相同的语义。含有语义的标签可以用来说明内容的含义以及内容不同部分之间的关系。上述代码在浏览器中的显示效果如图 3-2 所示。

图 3-2　代码在浏览器中的显示效果图

HTML5 页面都需要在开头写上<！DOCTYPE HTML>进行版本声明。

<HTML>和</HTML>限定了文档的开始和结束点，并且<HTML>内部必定包含了<head>与<body>两个标签：

1. head：内部包含了 meta（描述文档附加信息如字符编码）与 title（设置显示在浏览器标签页上的文档标题）。

2. body：界定了文档的主体，所有需要显示的内容都在 body 内进行描述。

二、HTML 标签组成

一个 HTML 文件是由一系列 HTML 标签组成的，如图像标签<img>、链接标签<a>、列表标签<ul>、标题标签<h1>及基本的块级元素<div>与基本的行级元素<span>。 一个标签通常含有开标签与闭标签，其中开标签含有描述该标签特性的属性名与属性值，如图片引入的路径、标签所属的类别等。 一个常见的标签组成实例如图 3-3 所示。

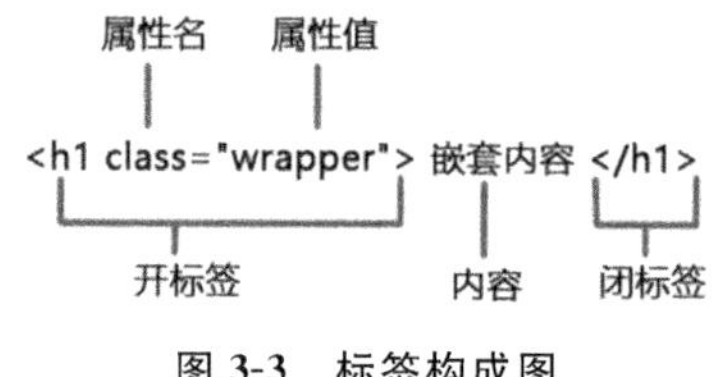

图 3-3　标签构成图

在编写 HTML 标签的时候，应该遵守以下书写规范：

1. 标签成对出现，一开一关，闭标签名前面写上斜杠。（也存在不需要关闭的自闭合标签例如<img>图片标签。）

2. 所有的属性名与属性值通过等号连接，属性值需要用引号括起来。

3. 所有标签、属性和属性值建议使用小写字母。

三、HTML 标签嵌套

标签嵌套是指一对标签中间的嵌套内容是另一对标签的情况。其中被包含的标签称为子元素，外层的包含标签称为父元素。

如果把构建网站比作建造大楼，那么 HTML 标签的嵌套结构就像是一份平面图，它描述了网页中各个区域的嵌套结构，就像大楼中包含了住宿区和办公区，其中办公区又包含了会议室、接待室等。 这种嵌套结构是 HTML 代码的关键特性。

通过分析"企业网站"项目外层结构得出，"企业网站"由头部、主体、主体左半部分、主体右半部分、脚部 5 大区块组成。

无嵌套结构直接将头部、主体、主体左半部分、主体右半部分、脚部按顺序排列，代码如下所示，结果如图 3-4 所示：

```
<header> 头部 </header>
<main></main>
<aside> 左半部分 </aside>
<article> 右半部分 </article>
<footer> 脚部 </footer>
```

图 3-4　浏览器中无嵌套结构效果图

嵌套结构则将页面中主体左半部分与主体右半部分嵌套在了主体内进行布局，代码在浏览器中的执行效果如下图 3-5 所示。

```
<header> 页头 </header>
<main>
    <aside> 左半部分 </aside>
    <article> 右半部分 </article>
</main>
<footer> 脚部 </footer>
```

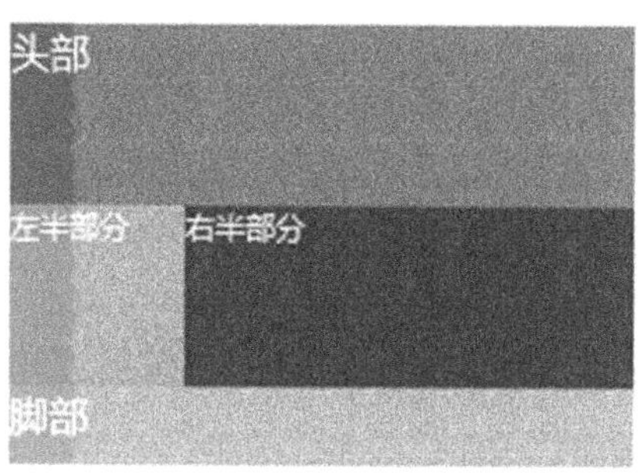

图 3-5　浏览器中嵌套结构效果图

图 3-4 中所有元素呈现为纵向排列，不符合预期的页面结构。而进行了标签嵌套后（图 3-5），将主体内容分为了左半部分与右半部分，和预期效果一致。 因此良好的结构嵌套对后续页面实现有非常大的帮助（这里为了更好地体现区别，搭配了一些 CSS 代码，先不用关注其具体实现）。

四、企业网站 HTML 代码如下所示：

```
<!DOCTYPE HTML>
<HTML lang="en">
<head>
    <meta charset="UTF-8">
```

```
    <title> Title </title>
</head>
<body>
    <header>
        <div></div>
        <ul>
            <li> 网站首页 </li>
            <li> 公司项目 </li>
            <li> 公司历史 </li>
            <li> 关于我们 </li>
            <li> 联系我们 </li>
        </ul>
    </header>
    <main>
        <aside>
            <ul>
                <li> 最新项目 </li>
                <li> 火热项目 </li>
                <li> 所有项目 </li>
                <li> 历史项目 </li>
            </ul>
        </aside>
        <article>
            <h1> 最新项目 </h1>
            <ul>
                <li> 1 </li>
                <li> 2 </li>
                <li> 3 </li>
                <li> 4 </li>
                <li> 5 </li>
            </ul>
        </article>
    </main>
    <footer>
      版权所有 © 2018
    </footer>
</body>
</HTML>
```

从“企业网站”的 HTML 结构可以看到，除<body>和<div>之外，<header>、<main>、<footer>、<h1>、<ul>、

<aside>、<article>这7个标记都具有一定含义。例如：<h1>表示这是1级标题，对于一个栏目来说，这是最重要的内容；<header>表示了网站的页头；<main>表示了网站主要的内容；<footer>表示了网站的页脚；<ul>表示了一个项目列表；<aside>表示了侧边栏；<article>表示了一块独立的内容区域。HTML代码在浏览器中的显示效果如图3-6所示。

图 3-6　浏览器中企业网站效果图

其中企业网站的文字内容已经完全显示出来了。但是并不美观，排列也存在问题，这些情况将在下一节中通过CSS解决。

任务二　CSS 实现布局

HTML5规范推荐把页面外观交给CSS去控制，而HTML标记则负责语义部分。CSS主要用于网页风格设计，包括大小、颜色、边框、元素的排列方式等。CSS其实是一种描述性的文本，用于增强或者控制网页的样式，并允许将样式信息与网页内容分离。用于存放 CSS 样式的文件扩展名为.css。

一、定义和应用样式

CSS 样式由选择器和一系列样式声明组成，每条样式声明由分号隔开。样式声明包含着一个 CSS 属性和该属性的值，二者以冒号分隔。在设置含有多个属性值的样式时，可以通过空格分隔每个值（例如 border:1px solid red 表示设置 1 像素宽度的实线红色边框），如图 3-7 所示。

图 3-7　样式应用图

<h1>标签在浏览器中默认显示的结果如图 3-8 所示。

图 3-8　使用样式前效果图

对其使用 CSS 样式，代码如下所示：

```
<style>
    h1{
        color:white;
        background:red;
    }
</style>
<h1> 嵌套内容 </h1>
```

图 3-9 所示为应用上述代码将页面内所有<h1>标签添加背景颜色为红色且字体为白色的样式后，在浏览器内显示的结果。

图 3-9　使用样式后效果图

结果文字变成了白色，而文字背景变成了红色，代表样式产生了作用，改变了页面中标签的显示方式。

二、基本选择器

为了能够使 CSS 规则与 HTML 元素对应起来，就必须定义一套完整的规则，实现 CSS 对 HTML 的“选择”。 选择器决定样式规则应用于哪些元素。 例如，如果要对所有的<h1>标签设置一个红色的字体颜色样式，就需要创建一个只识别<h1>标签而不影响代码中其他标签的选择器。 在本章中首先介绍三种基本的选择器，使用的属性为将文字设置倾斜显示。

1. 元素选择器：也叫标签选择器，即在 CSS 中利用标签名称来定义，元素选择器代码如下：

```
<style>
    h1{
        font-style: italic;
    }
</style>
<h1> 元素选择器 </h1>
```

元素选择器在浏览器中的执行效果如图 3-10 所示。

图 3-10　元素选择器浏览器内执行效果图

2. 类选择器：使用点符号开头，后面跟上一个自定义的名称，在使用时以 HTML 标签的 class 属性通过等号对应之前自定义的名称，类选择器代码如下：

```
<style>
  .title{
      font-style: italic;
  }
</style>
<h1 class="title"> 类选择器 </h1>
```

类选择器在浏览器中的执行效果如图 3-11 所示。

图 3-11　类选择器浏览器内执行效果图

3. ID 选择器：使用方法跟类选择器基本相同。使用“#”开头，后面跟上自定义的名称，在使用时以 HTML 标签的 ID 属性来标记。需要注意的是，ID 是唯一的，只能出现在一个元素上，ID 选择器代码如下：

```
<style>
    #title {
        font-style: italic;
    }
</style>
<h1 id="title"> ID 选择器 </h1>
```

ID 选择器在浏览器中的执行效果如图 3-12 所示。

ID选择器

图 3-12　ID 选择器浏览器内执行效果图

可以观察到，通过以上 3 种选择器搭配样式属性，其浏览器中的字体都发生了倾斜，这代表 3 种选择器都生效了。

三、CSS 引入方式

在开始定义样式之前，要知道如何创建和使用包含这些样式的文件。创建样式表文件，并将 CSS 应用到多个网页（包括整个网站）、单个页面或单独的 HTML 元素中，这 3 种应用分别通过 3 种方式实现：行内样式（最不可取的方法）、内嵌式、外部样式表（建议使用，其含有两种形式）。

1. 行内样式

行内样式是所有样式中最为直接的一种，它直接对 HTML 的标记使用 style 属性，然后将 CSS 代码直接写在其中。下述代码使用行内式修改<h1>标签的字体大小为 30 像素，并将字体颜色改为黄色：

```
<h1 style="font-size: 30px; color: yellow"> 标题一 </h1>
```

通过行内样式影响<h1>标签后在浏览器中的执行效果如图 3-13 所示。

图 3-13　行内样式浏览器内执行效果图

2. 内嵌式

内嵌式就是将 CSS 写在<head></head>之间，并且用<style></style>标记进行声明。下述代码使用内嵌式修改<h1>标签的字体大小为 30 像素，并将字体颜色改为黄色：

```
<head>
    <meta charset="UTF-8">
    <title> Title </title>
    <style>
        h1{
            font-size: 30px;
            color: yellow;
        }
    </style>
</head>
```

通过内嵌的方式影响＜h1＞标签后在浏览器中的执行效果如图 3-14 所示。

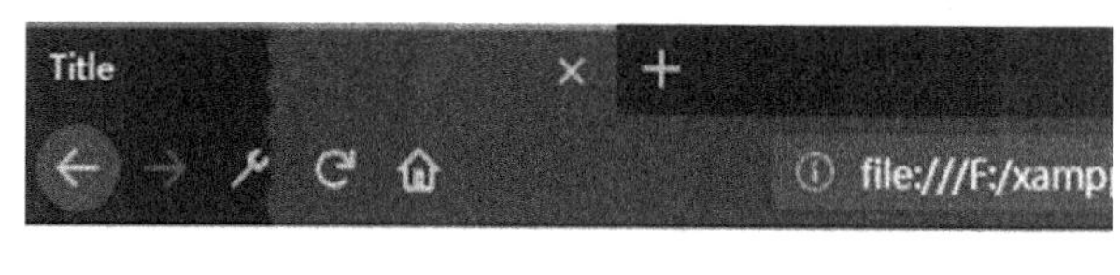

图 3-14　内嵌式浏览器内执行效果图

3. 外部样式表（Link 方式）

前面介绍的两种样式表都是包含在一个页面中的，如果一个网站含有多个页面，希望使用相同的 CSS 设置，上面的两种方法就不够方便了。这时可以使用外部样式表，也就是把样式存储在一个单独的文件中，多个网站同时进行引用。其中 link 标签的 rel 属性设置为 stylesheet，目的是告诉浏览器当前导入的是样式文件。而 href 属性为样式文件的路径（推荐使用相对路径）。下述代码通过＜link＞标签引用外部 CSS 样式表的声明，其外部样式表修改＜h1＞标签的字体大小为 30 像素，并将字体颜色改为黄色：

```
<head>
    <meta charset="UTF-8">
    <title> Title </title>
    <link rel="stylesheet" href="css.css"></link>
</head>
```

通过 Link 方式引入外部样式表，影响＜h1＞标签后在浏览器中的执行效果如图 3-15 所示。

图 3-15　外部样式表浏览器内执行效果图

4. 外部样式表（import 方式）

import 方式本质和<link>相同，为引用外部样式，区别在于使用的语法不同。下述代码通过@import 语法引用外部 CSS 样式表的声明，外部样式表修改<h1>标签的字体大小为 30 像素，并将字体颜色改为黄色：

```
<head>
    <meta charset="UTF-8">
    <title> Title </title>
    <style>
    @import url(css.css);
    </style>
</head>
```

通过 import 方式引入外部样式表，影响<h1>标签后在浏览器中的执行效果如图 3-16 所示。

图 3-16　外部样式表浏览器内执行效果图

四、CSS 元素显示方式

1. block 和 inline

HTML 元素在页面中默认显示方式有块级显示和行内显示两种，我们也可以通过 display 属性来改变其显示方式。 该属性支持如下两个属性值：

block：块级显示，元素默认占据一行，允许通过 CSS 设置宽、高。

inline：行内显示，元素不会占据一行，即使通过 CSS 设置宽、高也不会起作用。

2. 案例

通过行内显示和块级显示，可以实现页面中基本的纵向布局与横向布局。 使用该属性进行布局的代码如下所示：

```
<style>
    header{
        width: 250px;
        background: red;
    }
    main{
        width: 250px;
    }
    aside{
        display: inline;/* 设为行级元素 * /
        width: 70px;
        background: #00cb00;
    }
    article{
        display: inline;/* 设为行级元素 * /
        width: 180px;
        background: blue;
    }
    footer{
```

```
            width: 250px;
            background: orange;
        }
</style>
<header> 页头 </header>
<main>
    <aside> 左半部分 </aside>
    <article> 右半部分 </article>
</main>
<footer> 脚部 </footer>
```

使用 display 实现布局在浏览器中的显示效果，如图 3-17 所示。

图 3-17　外部样式表浏览器内执行效果图

布局呈现了头部、主体、脚部的纵向排列，其主体内部又实现了横向排列。但仍存在无法设置行内显示元素的宽、高，及行内显示元素四周存在空白这两个问题。

3. 关于问题的解决

为了解决以上问题，我们需要使用 display 支持的另一个属性 inline-block。该属性为行内块显示，其特性为元素不会占一行，并且允许通过 CSS 设置宽、高。但是行内显示的元素受行内框盒子模型（每个行内显示元素都会生成一个行内框，行内框是一个浏览器渲染模型中的一个概念，无法显示出来）的影响，所以左右之间会有一个空白字符间距，下述代码通过设置字体大小搭

配字间距负数来解决该问题。代码如下所示:

```
<style>
    header{
        width: 250px;
        height: 70px;
        background: red;
    }
    main{
        font-size: 0px;/* 将字体大小设为 0* /
        letter-spacing: -50px;/* 通过设置字符间距负数,去除空白
        字符间距 * /
    }
    footer{
        width: 250px;
        height: 30px;
        background: orange;
    }
    aside{
        display: inline-block;/* 设置为行内块显示 * /
        width: 70px;
        height: 70px;
        font-size: 12px;
        letter-spacing: 0px;
        background: greenyellow;
    }
    article{
        display: inline-block;/* 设置为行内块显示 * /
        width: 180px;
        height: 70px;
        font-size: 12px;
        letter-spacing: 0px;
        background: blue;
    }
</style>
<header> 页头 </header>
<main>
    <aside> 左半部分 </aside>
    <article> 右半部分 </article>
</main>
<footer> 脚部 </footer>
```

设置行内块显示元素，并去除字符间距后在浏览器中的显示效果如图 3-18 所示。

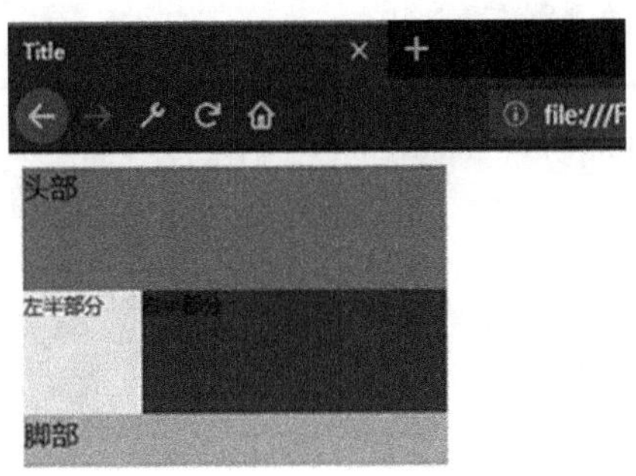

图 3-18　多列式布局图

五、企业网站 CSS 样式代码

企业网站 CSS 样式代码如下所示：

```
header{
    width:1000px;
    height: 100px;
    font-size: 0px;
    letter-spacing: -50px;
    background-color: cornflowerblue;
}
ul{
    margin: 0px;
    padding:0px;
    list-style-type: none;
}
/* logo 类为页面左上角白色 logo 方块。*/
.logo{
    display: inline-block;
    margin: 25px;
    width: 15px;
    height: 15px;
    padding: 15px;
```

```
    vertical-align: middle;
    background-color: white;
}
/* menu 类为页面顶部导航 */
.menu{
    display: inline-block;
    vertical-align: middle;
}
.menu-item{
    margin: 5px;
    display: inline-block;
    padding:5px;
    font-size: 16px;
    letter-spacing: normal;
    background-color: white;
}
main{
    width:1000px;
    height: 800px;
    font-size: 0px;
        letter-spacing: -50px;
}
aside{
    display: inline-block;
    width: 200px;
    height: 800px;
    font-size:16px;
    letter-spacing: normal;
    vertical-align: top;
    background-color: yellow;
}
article{
    display: inline-block;
    width: 800px;
    height: 800px;
    font-size: 16px;
    letter-spacing: normal;
    vertical-align: top;
    background-color:red ;
}
/* sidebar-item 类为页面侧边栏中各栏目 */
.sidebar-item{
```

```
    padding: 25px;
    text-align: center;
    margin: 5px;
    background-color: white;
}
h1{
    padding: 10px;
    font-size: 24px;
    border-bottom: 1px solid #fff;/* 下边框 */
}
/* projects-item 类为页面主体内容区域中项目列表的各栏目 */
.projects-item{
    display: inline-block;
    margin:10px;
    width: 175px;
    height: 300px;
    text-align: center;
    background: #fff;
}
footer{
    width: 1000px;
    padding: 10px 0px; /* 缩写分别表示上下、左右 */
    text-align: center;
    background: #ccc;
}
```

通过上述 CSS 代码实现了企业网站各栏目的栏目排列及网站风格，浏览器中显示的效果如图 3-1 所示。

企业网站 CSS 样式部分，主要使用到了 width 设置元素宽度、height 设置元素高度、padding 设置元素内边距（相对边框的距离）、border 设置元素边框、margin 设置元素外边距（边框相对其他元素的距离）等描述元素盒子模型的样式，以及将 display 设置为 inline-block 让元素变成左右布局。并通过 vertical-align 控制行元素垂直对齐的方式，text-align 控制文字水平对齐的方式。

项目小结

在本项目中，通过学习 HTML 与 CSS 基础，制作了“企业网站”。希望读者通过案例的学习，可以在以下方面有所收获：

1. 了解遵从 Web 标准的网页设计流程。

2. 能够根据设计图分析出 HTML 嵌套结构。

3. 掌握多列式布局的核心思想。

本项目所用到的标签如表 3-2 所示。

表 3-2　所有用到的标签

标签	说明
<header>	通常放置在页面或某区块顶部，包含介绍和导航等
<main>	规定文档的主要内容，注意在一个文档中只能出现一次
<footer>	一般被放置在页面或某区块页脚，包含版权信息联系方式等
<ul>	定义无序列表
<li>	定义列表项目
<aside>	一般使用在页面、文章的侧边栏、广告、友情链接等区域
<article>	通常用于网站中一段独立的内容
<h1>	定义最大的标题，类似的还有 h2 至 h6
<div>	纯洁的块元素

本项目所用到的样式如表 3-3 所示。

表 3-3　所有用到的样式

样式	说明
padding	设置元素内容与边框之间的间距

续　表

样式	说明
border	设置围绕元素的边框
margin	设置元素与周围元素之间的间距
display	设置元素布局的类型,如行元素或块元素
font-size	设置元素文字的字号大小
letter-spacing	设置元素文字间距
vertical-align	设置元素文字垂直对齐方式
list-style-type	设置列表项标记的类型

项目二　制作注册页

上一个项目，我们学习实践了一个入门级的页面。 在本项目中，将通过学习表单（表单指网页中常见的登录注册输入框等）完成一个注册页面。 注册页面完成后的效果如图 3-19 所示。

图 3-19　完成后的注册页面

本项目介绍的是 HTML 表单的基础知识。从定义一个非常简单的表单开始，通过对它的扩充演示如何控制表单工作的方式。

任务一 添加表单

表单是 HTML 中获取用户输入的手段，它对于 Web 应用系统极其重要（服务器端编程模块将介绍通过服务器端语言获取表单中提交的数据），在 HTML5 中，整个表单系统已经彻底改造过，面貌焕然一新，标准的步伐已经跟上了现代应用程序的需求。

一、文本输入框与按钮

制作一个基本的表单需要 3 个要素：form、input 和 button 标签。一个基本表单的 HTML 文档代码如下所示：

```
<!DOCTYPE HTML>
<HTML lang="en">
<head>
    <meta charset="UTF-8">
    <title> Title </title>
</head>
<body>
<form>
    <input type="text" name="name">
    <button type="submit"> 注册 </button>
</form>
</body>
</HTML>
```

基本表单在浏览器中显示的效果如图 3-20 所示。

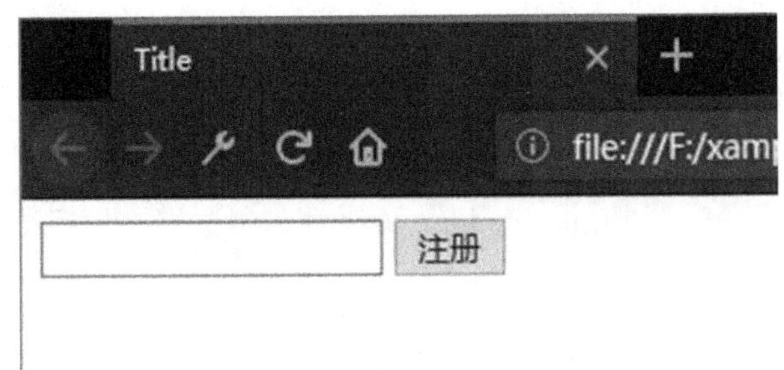

图 3-20　浏览器中 HTML 基础表单

<form>和</form>限定了一份表单的开始和结束点。<input>用于收集用户输入的数据，从图 3-20 中可以看到，<input>在浏览器中显示为一个简单的文本框，用户就在这个文本框中输入内容。这是一种最基本的<input>，后面会介绍收集用户输入数据的多种选择。<button>标签有多种用途，可以用于提交表单，也可以将表单中已输入的值进行清空。

二、输入框提示功能

在先前的例子中，文本框在页面刚载入时是空的，通过 placeholder 属性可以设置一段提示文字，告诉用户输入什么类型的数据。输入框代码如下所示：

```
<!DOCTYPE HTML>
<HTML lang="en">
<head>
    <meta charset="UTF-8">
    <title> Title </title>
</head>
<body>
<form>
    <input type="text" name="name" placeholder="输入你的姓名">
```

```
        <button type="submit"> 注册 </button>
    </form>
    </body>
    </HTML>
```

<input>添加 placeholder 属性后在浏览器中显示效果，如图 3-21 所示。

图 3-21 <input>标签添加 placeholder 属性后显示效果

通过设置 placeholder 属性，<input>在默认情况下显示“输入你的姓名”，该提示文字在用户真实输入时消失。所以如果需要用户输入数据，仍能想提示用户应该输入什么样的数据，那就应该使用 placeholder 属性。

三、输入框填写验证

验证用户是否输入一个值，这正是 required 属性的用途。对某个表单标签设置这个属性后，除非用户已经为其提供了一个值，否则无法提交表单。使用 required 属性的代码如下所示：

```
<!DOCTYPE HTML>
<HTML lang="en">
<head>
    <meta charset="UTF-8">
    <title> Title </title>
</head>
<body>
<form>
```

```
        <input type="text" name="name" required="required" placeholder=
        "输入你的姓名">
        <button type="submit"> 注册 </button>
    </form>
    </body>
    </HTML>
```

<input>添加 required 属性后，不输入任何值情况下单击注册后，在浏览器中的显示效果如图 3-22 所示。

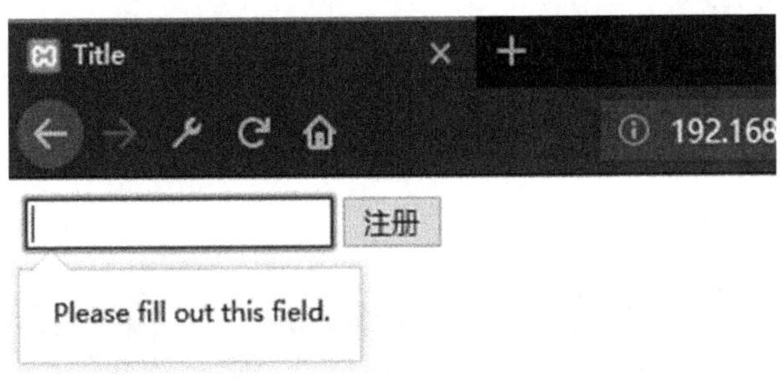

图 3-22　<input>标签添加 required 属性后显示效果

设置了 required 属性后，除非用户为该标签提供输入值，否则无法提交表单（提示信息在不同浏览器中各不相同）。对于 text 和 password 型 input 标签，用户必须在文本框中输入文字；对于 checkbox 型 input 标签，用户必须勾选对应的复选框。

四、密码输入框

type 属性值设置为 password 的 input 标签用于输入密码。用户输入的字符在这种文本框中显示为（ * ）之类的掩饰字符。下述代码为设置了 type 属性为 password 的<input>标签。密码输入框代码如下所示：

```
<!DOCTYPE HTML>
<HTML lang="en">
<head>
    <meta charset="UTF-8">
    <title> Title </title>
</head>
<body>
<form>
    <input type="password" name="name">
    <button type="submit"> 注册 </button>
</form>
</body>
</HTML>
```

<input>将 type 设置为 password，进行输入后在浏览器中的显示效果如图 3-23 所示。

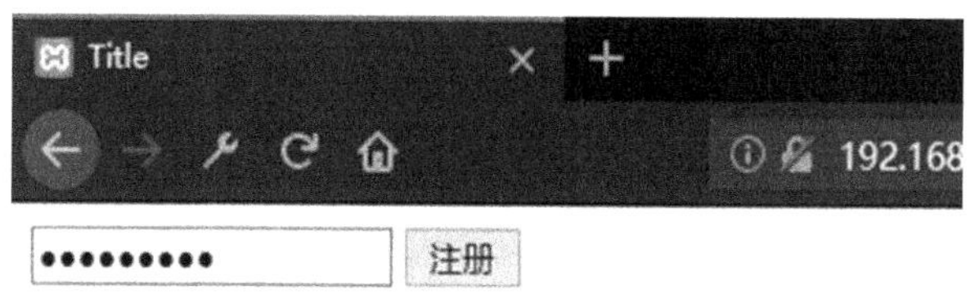

图3-23　<input>标签设置 type 为 password 属性后显示效果

如图 3-23 中用户输入密码的时候，浏览器会清除文本的占位符提示并将每一个密码字符显示为圆点（具体使用的掩饰字符因浏览器而异），此过程中用户输入的内容显示为掩饰字符，而不是被替换为演示字符，提交表单时，服务器收到的是明文密码。

任务二 添加选项列表

一、下拉菜单标签

<select>标签可以用来生成一个选项列表供用户选择。标签的 required 属性与<input>标签的 required 同名属性类似。size 属性用来设定要显示给用户的选项数目。<select>标签如果设置了 multiple 属性的话，那么用户就能一次选择多个选项。

提供给用户的选项由<option>标签定义。设置了 multiple 属性并拥有 4 个<option>选项的<select>标签代码如下所示：

```
<!DOCTYPE HTML>
<HTML lang="en">
<head>
    <meta charset="UTF-8">
    <title> Title </title>
</head>
<body>
<form>
    <select multiple="multiple">
        <option> 选择地区 </option>
        <option> 中国 </option>
        <option> 美国 </option>
        <option> 德国 </option>
    </select>
</form>
</body>
</HTML>
```

在选项列表中单击“中国”选项后的显示效果如图 3-24 所示。

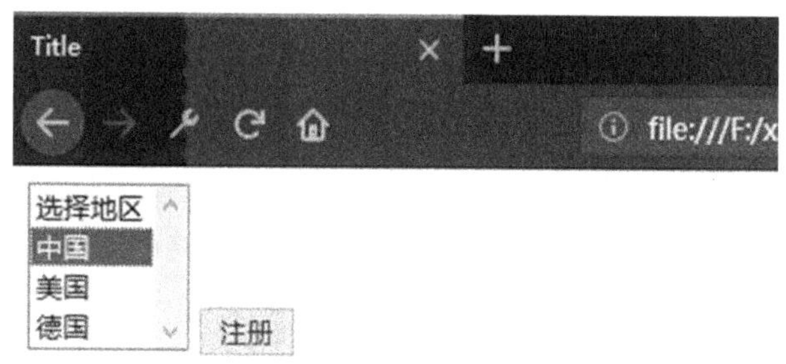

图 3-24 <select>标签在浏览器中显示效果

<select>标签添加 multiple 属性后可以通过按住"ctrl"键加鼠标左键进行多选，选中后的效果如"中国"选项所示。

二、选项列表默认选项

<option>标签设置 selected 后，打开页面时该选项将默认显示为选中状态。 设置默认选中"中国"选项的选项列表标签代码如下所示：

```
<!DOCTYPE HTML>
<HTML lang="en">
<head>
    <meta charset="UTF-8">
    <title> Title </title>
</head>
<body>
<form>
    <select>
        <option> 选择地区 </option>
        <option selected> 中国 </option>
        <option> 美国 </option>
        <option> 德国 </option>
    </select>
    <button type="submit"> 注册 </button>
</form>
</body>
</HTML>
```

设置了默认选项的选项列表在浏览器中的显示效果如图 3-25 所示。

图 3-25　选项列表默认选项

其中“中国”选项设置了 selected 属性后在页面显示出来的时候被自动选中。

任务三　添加复选框

将<input>标签 type 属性指定为 checkbox 型后将会生成供用户选择“是否”的复选框。

一、复选框标签

设置了 type 为 checkbox 的<input>复选框仍可以使用 required 属性（强制勾选才能提交表单）。设置了 required 属性的复选框代码如下所示：

```
<!DOCTYPE HTML>
<HTML lang="en">
<head>
    <meta charset="UTF-8">
    <title> Title </title>
</head>
<body>
<form>
    <input type="checkbox" required="required">
    <span> 接收有关注册产品和服务的通知。</span>
```

```
        <a href="#">了解更多信息。</a>
        <button type="submit">注册</button>
</form>
</body>
</HTML>
```

单击注册后在浏览器中的显示效果如图 3-26 所示。

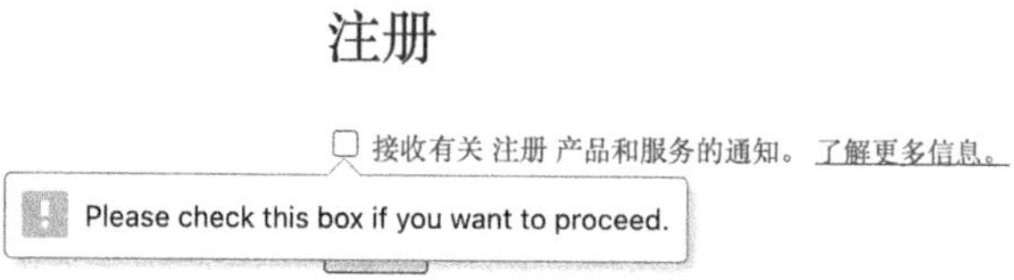

图 3-26　复选框未勾选情况下提交表单时浏览器中显示效果

复选框勾选时在浏览器中的显示效果如图 3-27 所示。

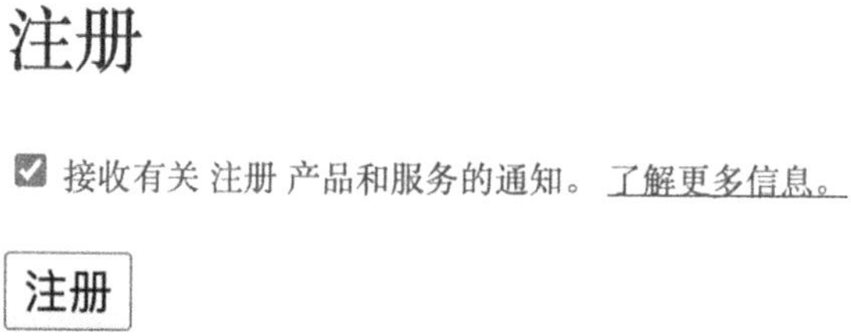

图 3-27　复选框勾选效果

设置了 required 属性的复选框在不勾选的情况下单击注册按钮提交表单将显示图 3-26 的提示信息，勾选后显示的效果如图 3-27 所示，再次单击可以取消勾选状态。

二、默认勾选

复选框设置 checked 属性后，将在刚显示出来的时候呈勾选状态。 含有一个默认勾选状态的复选框代码如下所示：

```
<!DOCTYPE HTML>
<HTML lang="en">
<head>
    <meta charset="UTF-8">
    <title> Title </title>
</head>
<body>
<form>
    <ul>
        <li>
            <input type="checkbox" required="required" checked>
            <span> 接收有关注册产品和服务的通知。</span>
            <a href="#"> 了解更多信息。</a>
        </li>
        <li>
            <input type="checkbox" name="check">
            <span> 我已阅读并同意 </span>
            <a href="#"> 使用条款 </a>
            <span> 和 </span>
            <a href="#"> 隐私政策 </a>
            <span> 。</span>
        </li>
    </ul>
    <button type="submit"> 注册 </button>
</form>
</body>
</HTML>
```

设置了 checkbox 属性的复选框与默认未勾选的复选框如图 3-28 所示。

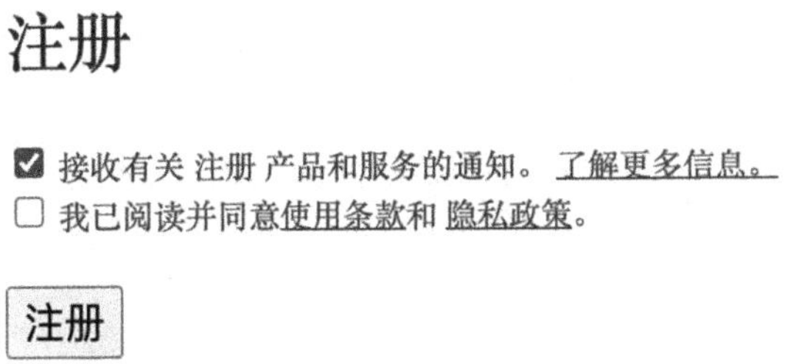

注册

☑ 接收有关 注册 产品和服务的通知。 了解更多信息。
☐ 我已阅读并同意使用条款和 隐私政策。

注册

图 3-28　设有 checkbox 属性与默认对比图

设置了 checkbox 属性的复选框在页面加载后就呈现勾选状态，而未设置的复选框则呈现未勾选状态。

任务四　注册页 HTML 结构编辑

一、注册页 HTML 代码

通过组合使用各表单元素得到的注册页 HTML 代码如下所示：

```
<!DOCTYPE HTML>
<HTML lang="en">
<head>
    <meta charset="UTF-8">
    <title> Title </title>
</head>
<body>
    <article>
        <h1> 注册 </h1>
        <form>
            <ul>
                <li>
                    <input type="text" name="Surname"
                           required placeholder=" 姓氏 ">
                    <input type="text" name="Name"
                           id="name" required placeholder=" 名字 ">
                </li>
                <li>
                    <input type="text" name="mailbox"
                           id="mail" required placeholder=
                           " 电子邮箱地址 ">
                </li>
                <li>
                    <input id="password" type="password" name
                    ="password"
                           required placeholder="password">
                </li>
                <li>
                    <select>
```

```
                <option value="Country"> 国家 / 地区
                </option>
                <option value="China"> 中国 </option>
                <option value="America"> 美国 </option>
                <option value="Germany"> 德国 </option>
            </select>
        </li>
        <li>
            <h5> 出生日期 </h5>
            <select>
                <option value="year"> 年 </option>
                <option value="1999"> 1999 </option>
                <option value="2000"> 2000 </option>
                <option value="2001"> 2001 </option>
            </select>
            <select>
                <option value="month"> 月 </option>
                <option value="1"> 1 </option>
                <option value="3"> 3 </option>
                <option value="5"> 5 </option>
            </select>
            <select>
                <option value="day"> 日 </option>
                <option value="1"> 1 </option>
                <option value="11"> 11 </option>
                <option value="21"> 21 </option>
            </select>
        </li>
        <li>
            <label for ="c1">
                <input type="checkbox" name="check"
                id ="c1">
                接收有关注册产品和服务的通知。
                <a href="#"> 了解更多信息。</a>
            </label>
        <li>
            <label for ="c2">
                <input type="checkbox" name="check"
                id ="c2">
                我已阅读并同意 <a href="#"> 使用条款
                </a> 和
                <a href="#"> 隐私政策 </a> 。
```

```
                    </label>
                </li>
                <li>
                    <button type="submit"> 注册 </button>
                </li>
                <li>
                    已经有 ID? <a id="login" href="#"> 登录 </a>
                </li>
            </ul>
        </form>
    </article>
</body>
</HTML>
```

从“注册页”的 HTML 结构，可以看到<form>标签包裹了整份表单元素，其中出现了文本框、密码、选项列表、复选框等表单元素。 <label>标签可以通过 for 属性绑定到对应 id 属性的表单标签，绑定后当你按了 label 中的文字，将会选中对应的表单标签。 HTML 代码在浏览器中的显示效果如图 3-29 所示。

注册

- 姓氏 名字
- 电子邮箱地址
- password
- 国家/地区
- **出生日期**

  年 月 日
- ☐ 接收有关 注册 产品和服务的通知。 了解更多信息。
- ☐ 我已阅读并同意使用条款和 隐私政策。
- 注册
- 已经有ID? 登录

图 3-29　注册页浏览器中的效果图

注册页的文字与表单内容已经完全显示出来了。但是并不美观，下一节中将通过 CSS 样式进行美化。

任务五 CSS 实现布局

上一个项目中我们学习了 CSS 的基本概念，也实际动手体验了 CSS 设置网页样式的基本方法，希望读者能够逐渐深刻地理解 CSS 的核心思想，也就是尽可能地使网页内容与形式分离。在本任务中，将介绍由 3 种基本选择器构成的组合选择器及样式层叠优先级。

使用组合选择器可以更精细且灵活地控制选择范围。而样式层叠优先级则规定了一个标签被多个选择器同时选中时，哪个选择器优先生效。

一、组合选择器(交集)

交集选择器由两个选择器直接连接构成，其结果是选中二者各自元素范围的交集。其中标签选择器只能出现在第一个，类选择器或 ID 选择器可以出现在任意位置。这两个选择器之间不能有空格，必须连续书写。

图 3-30 为交集示意图，其中灰色选择器代表生效部分。

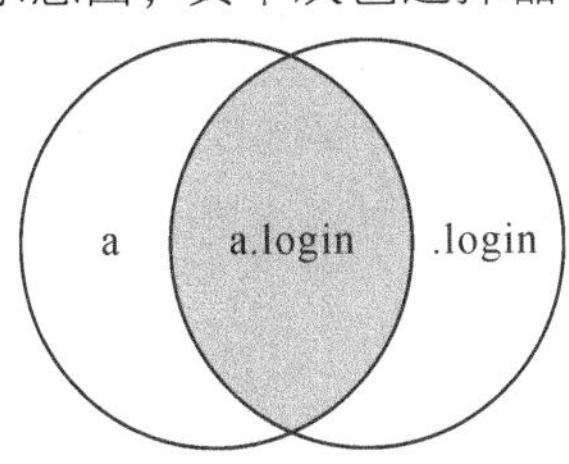

图 3-30 交集组合选择器

通过组合选择器（交集）为页面中所有属于 login 类的＜a＞标签添加文字斜体样式，代码如下所示：

```
<style>
    a.login{
        font-style: italic;
    }
</style>
<span class="login"> 已经有 ID? </span>
<a href="#"> 注册 </a>
<a class="login" href="#"> 登录 </a>
```

组合选择器在浏览器中显示的效果如图 3-31 所示。

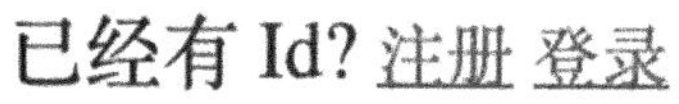

已经有 Id? 注册 登录

图 3-31　交集选择器浏览器中的效果图

上述代码中的 3 个标签分别为：属于 login 类的＜span＞标签、＜a＞标签、属于 login 类的＜a＞标签。 选择器要求为属于 login 类并且是＜a＞标签。 观察浏览器显示结果与预期相符，得出交集选择器范围为同时满足所有选择器要求的标签。

二、组合选择器(并集)

与交集选择器相对应，还有一种并集选择器，或者称为“集体声明”。 它的结果是同时选中各个基本选择器所选择的范围。并集选择器是多个选择器通过逗号连接而成的。

图 3-32 为并集示意图，其中灰色选择器代表生效部分。

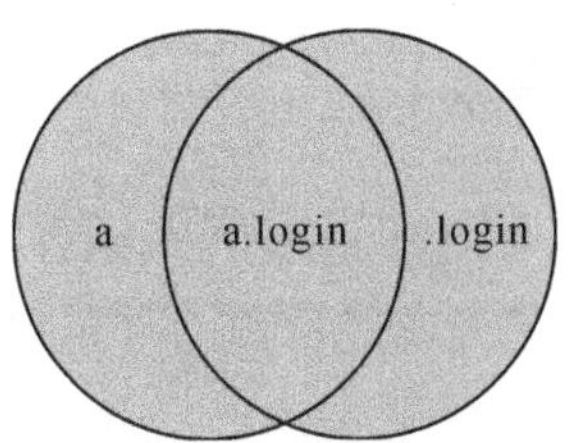

图 3-32　并集组合选择器

通过组合选择器（并集）选择页面中所有＜a＞标签或属于 login 类的标签添加文字斜体样式，代码如下所示：

```
<style>
    a,.login{
        font-style: italic;
    }
</style>
<span class="login"> 已经有 ID? </span>
<a href="#"> 注册 </a>
<a class="login" href="#"> 登录 </a>
```

组合选择器在浏览器中的显示效果如图 3-33 所示。

已经有 Id? 注册 登录

图 3-33　交集选择器浏览器中的效果图

选择器要求为属于 login 类或者是＜a＞标签。观察浏览器显示结果与预期相符，得出并集选择器范围为满足任一通过逗号连接的选择器。

三、组合选择器(后代)

在 CSS 选择器中，还可以对嵌套结构中的后代标签进行选择，后代选择器分为子元素选择器与子孙元素选择器。图 3-34 为之后 HTML 部分代码结构的示意图。

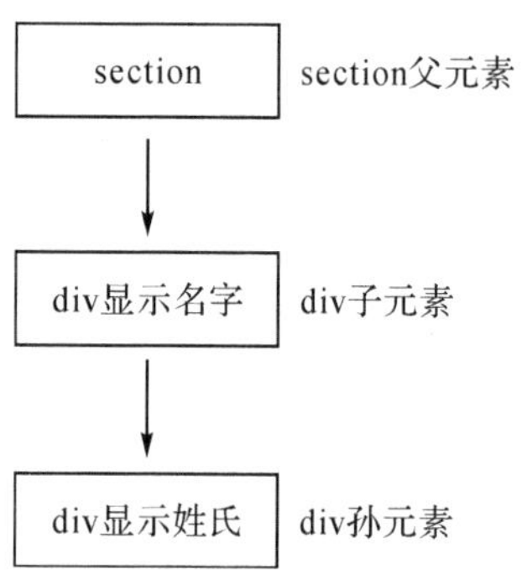

图 3-34　将要研究 HTML 代码结构

1. 子元素

父标签写前面，通过大于号“>”连接子标签。简单的子标签选择器代码如下所示：

```
<style>
    section> div{
        border: 1px solid black;
        padding: 10px;
    }
</style>
<section>
    <div>
        名字
        <div> 姓氏 </div>
    </div>
</section>
```

代码在浏览器中的效果如图 3-35 所示。

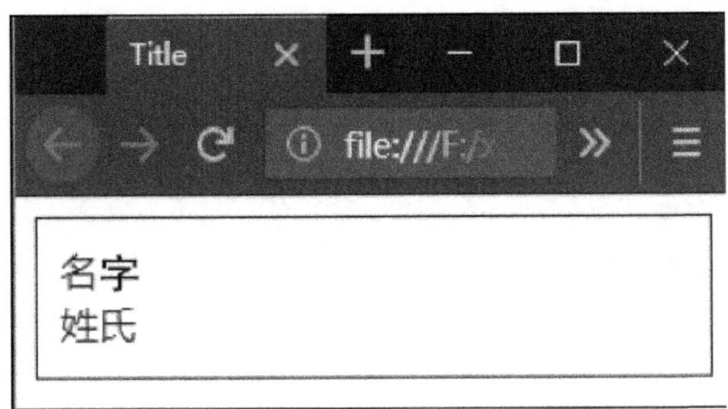

图 3-35　交集选择器浏览器中的效果图

HTML 嵌套结构为＜section＞，分别是两个＜div＞的父标签与祖父标签。观察浏览器执行结果发现有一个框，代表后代选择器生效了，为第一层 div 添加了边框。

2. 子孙元素

父标签选择器写前面，通过空格连接子孙标签。为所有符合子孙标签选择器条件添加 CSS 样式的代码如下所示：

```
<style>
    section div{
        border: 1px solid black;
        padding: 10px;
    }
</style>
<section>
    <div>
        名字
        <div> 姓氏 </div>
    </div>
</section>
```

代码在浏览器中的效果如图 3-36 所示。

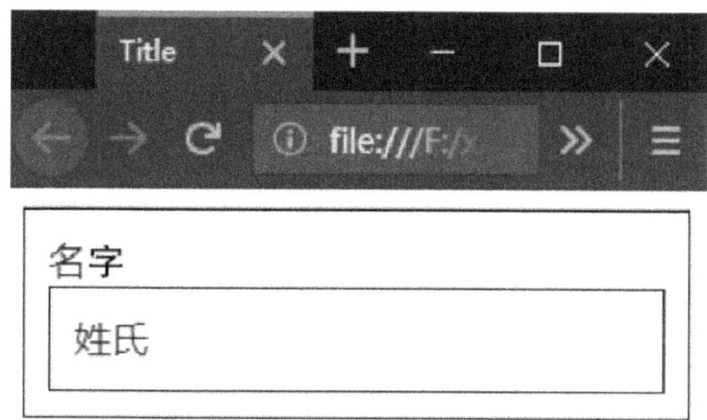

图 3-36　后代选择器浏览器中的效果图

其中除了第一个写有名字的<div>出现了边框以外，写有姓氏的<div>也出现了边框。可以得出，子孙标签的选择范围更大，后代选择器范围如图 3-37 所示。

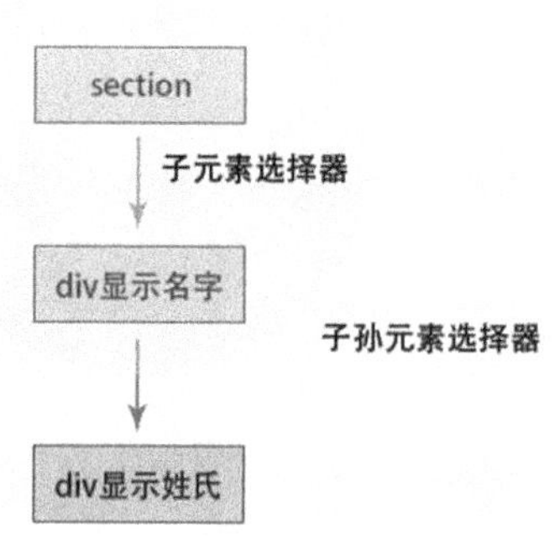

图 3-37　后代选择器范围示意图

四、样式继承

样式继承是指子标签会继承父标签的所有样式风格。 设置<p>标签文字倾斜的代码如下所示：

```
<style>
    p{
        font-style: italic;
    }
</style>
<p> 我已阅读并同意 <a href="#"> 使用条款 </a> 和
<a href="#"> 隐私政策 </a> 。
</p>
```

浏览器中的显示效果如图 3-38 所示。

我已阅读并同意使用条款和 隐私政策。

图 3-38　样式继承

除了<p>标签外，可以看到<a>标签也发生了倾斜，这就是样式继承。 样式继承并不会发生在所有样式上，一般字体样式才会被子标签继承。

五、样式层叠

大家都知道 CSS 的全称叫做“层叠样式表”，其实“层叠”指的就是样式的覆盖，当一个元素被运用上多种样式，并且出现重名的样式属性时，浏览器必须从中选择一个属性值，这个过程就叫“层叠”。 样式覆盖（这种叫法更大众化些）遵循一定的规则。

1. 规则一

由于继承而发生样式冲突时，最近祖先获胜。CSS 的继承机制使得元素可以从包含它的祖先元素中继承样式，祖先层叠代码如下所示：

```
<!DOCTYPE HTML>
<HTML lang="en">
<head>
    <meta charset="UTF-8">
    <title> Title </title>
</head>
<body>
<style>
    body {
        font-style: italic;
    }
    p {
        font-style:normal;
    }
</style>
<p>
    接收有关注册产品和服务的通知。
    <a href="#"> 了解更多信息。</a>
</p>
</body>
</HTML>
```

代码在浏览器中显示的效果如图 3-39 所示。

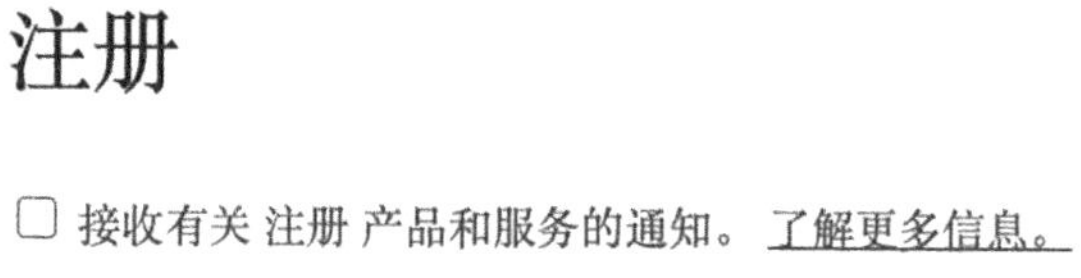

注册

☐ 接收有关 注册 产品和服务的通知。 了解更多信息。

图 3-39　层叠规则一

＜a＞标签分别从＜p＞和＜body＞中继承了 font-style 属性，但是由于＜p＞距离＜a＞标签更近，因此＜p＞标签的 font-style 覆盖了＜body＞上的 font-style，最终显示的文字没有倾斜。

2. 规则二

继承的样式和直接指定的样式冲突时，直接指定的样式获胜。 上述例子中，直接为＜a＞标签添加样式，代码如下所示：

```
<!DOCTYPE HTML>
<HTML lang="en">
<head>
    <meta charset="UTF-8">
    <title> Title </title>
</head>
<body>
<style>
   p {
      font-style:normal;
   }
   a{
      font-style: italic;
   }
</style>
<p>
    接收有关注册产品和服务的通知。
    <a href="#"> 了解更多信息。</a>
</p>
</body>
</HTML>
```

代码在浏览器中显示的效果如图 3-40 所示。

注册

☐ 接收有关 注册 产品和服务的通知。 *了解更多信息。*

图 3-40　层叠规则二

<a>标签虽然从<p>标签中继承了文字不倾斜的样式，但是在优先级上，<a>标签自身的文字倾斜优先级更高，因此最终呈现为文字倾斜状态。

3. 规则三

直接指定的样式发生冲突时，样式权值高者获胜。样式的权值取决于样式的选择器，如表 3-4 所示为权值定义。

表 3-4　样式权值

CSS 选择器	权值
标签选择器	1
类选择器	10
ID 选择器	100
内联样式	1000

内联样式>ID 选择器>类选择器>标签选择器，除此以外，后代选择器的权值为每项权值之和，如“# wrapper. list li”的权值为 100+10+1=111。样式权值计算代码如下所示：

```
<!DOCTYPE HTML>
<HTML lang="en">
<head>
    <meta charset="UTF-8">
    <title> Title </title>
</head>
<body>
<style>
    main.wrapper li{
        font-style: italic;
    }
    .wrapper li{
        font-style: normal;
```

```
    }
</style>
<main>
    <ul class="wrapper">
        <li> 文字 </li>
        <li> 文字 </li>
    </ul>
</main>
</body>
</HTML>
```

代码在浏览器中的显示效果如图 3-41 所示。

• 文字
• 文字

图 3-41　层叠规则三

“main. wrapper li”的权值为 1＋10＋1＝12，而“. wrapper li”的权值为 10＋1＝11。根据对比结果第一条优先级更高，因此文字最终呈倾斜状。

4. 规则四

样式权值相同时，后者获胜。选择器相同权值，代码如下所示：

```
<!DOCTYPE HTML>
<HTML lang="en">
<head>
    <meta charset="UTF-8">
    <title> Title </title>
```

```
</head>
<body>
<style>
    main.wrapper li{
        font-style: italic;
    }
    ul.wrapper li{
        font-style: normal;
    }
</style>
<main>
    <ul class="wrapper">
        <li> 文字 </li>
        <li> 文字 </li>
    </ul>
</main>
</body>
</HTML>
```

代码在浏览器中的显示效果如图 3-42 所示。

- 文字
- 文字

图 3-42　层叠规则四

“main. wrapper li”的权值为 1＋10＋1＝12，而“ul. wrapper li”的权值为 1＋10＋1＝12。样式优先级计算结果相同，根据规则四，文字最终未倾斜。

5. 规则五

！important 的样式属性优先级最高且不被覆盖。如果你一定要采用某个样式属性，而不让它被覆盖的，可以在属性值后加上！important，它可以打破所有规则，强制让样式层级最高，使用方法代码如下所示：

```
<!DOCTYPE HTML>
<HTML lang="en">
<head>
    <meta charset="UTF-8">
    <title> Title </title>
</head>
<body>
<style>
    main.wrapper li{
        font-style: normal;
    }
    li{
        font-style: italic!important;
    }
</style>
<main>
    <ul class="wrapper">
        <li> 文字 </li>
        <li> 文字 </li>
    </ul>
</main>
</body>
</HTML>
```

代码在浏览器中的显示效果如图 3-43 所示。

- *文字*
- *文字*

图 3-43　层叠规则五

“main. wrapper li”的权值为 1+10+1=12，而“li”的权值仅为 1。但因为使用了！important，所以文字倾斜依旧生效。

六、注册页 CSS 样式代码

注册页 CSS 样式代码如下所示：

```
article{
    width: 426px;
    margin: 0px auto;
}
ul{
    list-style-type: none;
    padding:0px;
}
h1,h5{
    font-weight: lighter;
}
h1{
    color: #2d2d2d;
    font-size: 28px;
}
h5{
    margin-bottom:10px;
}
a{
    color: #4b4b4b;
    font-size: 14px;
}
input[type="text"],input[type="password"],select{ /* 选中所有输入框 */
    padding-left:12px;
    border:1px solid #e1e1e1;
    min-height: 32px;
    width: 400px;
    margin: 6px;
    color: #4b4b4b;
}
button{
    margin: 20px 0px;
    font-size: 18px;
}
```

```
label{
    font-weight: 400;
    color: #4b4b4b;
    font-size: 14px;
}
.name input{
    display: inline-block;
    width: 185px;
}
#Name{
    margin-right: 0px;
}
li> select{
    min-height: inherit;
    padding-top: 6px;
    padding-bottom: 6px;
}
.date>select{
    display: inline-block;
    width: 127px;
}
#login{
    color: blue;
}
```

通过上述 CSS 代码实现了注册页的栏目排列及网站风格，浏览器中的显示效果如图 3-44 所示。

注册页中使用到了属性选择器（选择具有该属性的标签）。注册页 HTML 代码中，为“名字”表单项添加了值为 Name 的 id 属性，为“出生日期”栏目添加了值为 date 的 class 属性，为“登录”链接添加了值为 login 的 id 属性。样式方面使用 font-weight 设置字体不加粗、min-height 设置元素最小高度。

注册

姓氏 名字

电子邮箱地址

password

国家/地区

出生日期

年 月 日

☐ 接收有关 注册 产品和服务的通知。了解更多信息。

☐ 我已阅读并同意使用条款和 隐私政策。

注册

已经有 Id? 登录

图 3-44 添加样式后的注册页

项目小结

在本项目中，学习 HTML 表单元素及其使用方式后完成了“注册页”，并通过学习 CSS 组合选择器加样式继承和样式层叠两种新概念后，美化了“注册页”。 希望读者通过对这个案例的学习，可以在 3 个方面有所收获：

1. 了解各表单元素的显示方式；
2. 了解样式继承的发生情况；
3. 掌握样式优先级的计算方式。

本项目所用到的标签如表 3-5 所示。

表 3-5 所有用到的标签

标签	说明
<article>	通常用于网站中一段独立的内容
<ul>	定义无序列表
<li>	定义列表项目
<form>	用于为用户输入创建 HTML 表单
<input>	根据不同的 type 属性值,输入字段拥有很多种形式。输入字段可以是文本字段、复选框、掩码后的文本控件、单选按钮、按钮等等
<select>	创建单选或多选菜单
<option>	定义下拉列表中的一个选项(一个条目)
<label>	选择该标签时,浏览器就会自动将焦点转到和标签相关的表单控件上
<button>	定义一个按钮,可以是提交按钮,也可以是重置按钮
<div>	纯洁的块元素
<span>	纯洁的行元素

本项目所用到的样式如表 3-6 所示。

表 3-6 所有用到的样式

样式	说明
width	设置元素的宽度
height	设置元素的高度
padding	设置元素内容与边框之间的间距
border	设置围绕元素的边框
margin	设置元素与周围元素之间的间距
display	设置元素布局的类型,如行元素或块元素

续 表

样式	说明
font-size	设置元素文字的字号大小
letter-spacing	设置元素文字间距
list-style-type	设置列表项标记的类型
font-weight	设置元素文字垂直对齐方式用于设置显示元素的文本中所用的字体加粗
min-height	设置元素高度的最低值,元素可以比指定值高,但不能比其矮

项目三　制作校园网站首页

通过之前的项目，已经学习了关于编排 Web 内容样式的许多知识，从字体大小和颜色到图像、块元素、列表等。但是，我们还没有讨论页面布局在移动端上的呈现方式。本项目将通过使用响应式开发的技术，制作支持在多种设备上浏览的校园网站。校园网站电脑端如图 3-45 所示。

响应式 Web 设计目标为：无论用户使用何种尺寸大小的设备，都很容易查看、阅读和导航它们。创建响应式 Web 站点的设计师正在这样做，以确保在大型桌面显示器、中型平板电脑或小智能手机上查看站点的用户可以获得相似的用户体验。

图 3-45　校园网站

任务一　完成校园网站 HTML 结构

在对网站进行响应式开发之前，我们首先需要使用 HTML+CSS 实现网站电脑端的布局以及样式。

一、页面页头

校园页面页头由顶部菜单、导航及 Banner 图组成，其中 Banner 含有“最新公告”栏目，各栏目垂直分布，最终 HTML 代码如下所示：

```
<header>
        <ul class="Banner-top">
        </ul>
        <ul class="navigation">
        </ul>
        <div class="Banner">
            <img src="image/background.jpg" alt="">
            <span>【最新公告】没有公告</span>
        </div>
        <ul class="nav">
        </ul>
</header>
```

二、页面导航

页面中的导航主要以列表构成，导航需要链接至其他页面，因此需要再包裹一层<a>标签，使用 ul 制作的导航列表代码如下所示：

```
<ul class="nav">
        <li>|<a href="#">轻工技师学院首页</a>|</li>
        <li><a href="#">学校概况</a>|</li>
        <li><a href="#">德育经纬</a>|</li>
        <li><a href="#">教育教学</a>|</li>
        <li><a href="#">学生频道</a>|</li>
        <li><a href="#">招生就业</a>|</li>
        <li><a href="#">培训鉴定</a>|</li>
        <li><a href="#">党团建设</a>|</li>
        <li><a href="#">服务信息</a>|</li>
</ul>
```

三、栏目内容

栏目内容由标题以及内容组成，其中内容可能是列表、图片或表单。 各列表栏目 HTML 代码如下所示：

```
<div class="sign activity">
    <h1 class="green-one"> 登录 </h1>
    <h5> 没有公告 </h5>
    <img src="image/image2. jpb" alt="">
</div>
<div class="information activity">
    <h1 class="information-top"> 最新信息 </h1>
    <div class="information-bottom">
        <ul>
            <li> <a> [公告栏] 关于变更本校网站域名的通靠热点文章 >
            </a> </li>
            <li> <a> [教学组室] 高技16装潢"青春故事会"毕业设计展即将举行
            </a> </li>
            <li> <a> [校园动态] 我院代表参加杭州市中华职教社社员代表大会
            </a> </li>
            <li> <a> [信息快递]2018 元旦文艺汇演隆重举行 </a> </li>
            <li> <a> [教学组室] 艺术系成功开展2017年公开课活动 </a> </li>
            <li> <a> [培训信息] 我院服装类职业技能培训全部结束 </a> </li>
            <li> <a> [教学组室] 我院机电系教师赴杭州网端科技有限公司商谈
            </a> </li>
            <li> <a> [信息快递] 环城北路校区学生处召开宿管员会议 </a> </li>
            <li> <a> [教学组室] 艺术系举行 2017 年专场招聘会 </a> </li>
        </ul>
    </div>
</div>
```

搜索频道等表单栏目 HTML 代码如下所示：

```
<div>
    <form>
        <input id="box" type="text" name="box">
        <select>
            <option value="channel"> 选择频道 </option>
            <option value="school"> 轻工技校 </option>
            <option value="pictures"> 轻工图库 </option>
        </select>
        <button> 搜索 </button>
    </form>
</div>
<div class="photos">
    <img src="image/story. jpg" alt="">
```

```
    <p> 高技 16 装潢“青春故事会”毕业设计展即将举行 </p>
</div>
```

四、页脚

校园网站页脚主要由版权信息以及联系方式两部分组成，校园网站页脚代码如下所示：

```
<footer>
    <div class="footer-left">
        Copyright &copy; 2009-2010 www.hzqgjsxy.cn All Rights Reserved
    </div>
    <div class="footer-right">
        杭州轻工技师学院 ┇ 院长:周功扬 ┇ 电话:0571-85192066
    </div>
</footer>
```

任务二　电脑端样式布局

一、页面页头样式

校园网站页头设置了整体字体大小（继承）以及边框颜色，代码如下所示：

```
header div{
    color: white;
    max-width: 960px;
    font-size: 14px;
    padding-left: 0px;
    margin-bottom: 2px;
    border-top:solid white 7px;
    border-right:solid #ababab 5px;
    border-bottom:solid #ababab 5px;
    border-left:solid white 7px;
    background-color: #ababab;
}
```

二、页面导航样式

顶部导航和页面导航通过设置为行元素实现横向排列，代码如下所示：

```
header li{
    display: inline;
}
```

三、页面栏目样式

页面栏目统一标题字体样式、边框样式，通过设置为行元素实现横向排列，代码如下所示：

```
h1{
    font-size: 16px;
}
.activity{
    border-top: 5px solid #e4e4e4;
    border-left: 3px solid #e4e4e4;
    border-right: 3px solid #e4e4e4;
    border-bottom: 3px solid #e4e4e4;
}
```

四、页脚样式

页脚设置了背景颜色后，字体颜色需要改为白色才能清晰显示，代码如下所示：

```
footer{
    background-color: #1051bd;
    color: white;
    padding: 10px calc((100% - 960px) / 2);
}
```

padding 对左右内边距的设定，能让内容显示在中间。

任务三　页头公告定位

一、了解定位

定位布局可以让用户精准地定位页面中元素的位置，在 CSS 中，定位布局共有以下 4 种方式：

1. 固定定位（fixed）；

2. 相对定位（relative）；

3. 绝对定位（absolute）；

4. 静态定位（static）。

position 属性一般配合 top、bottom、left 和 right 来使用。只有元素定义 position 属性（除了 static）之后，top、bottom、left 和 right 才生效。

二、设置公告定位

定位往往都是相对于浏览器或者原始位置而言的，但在开发中，我们需要实现子元素相对父元素来进行定位。

通过给父元素定义“position:relative”，然后给子元素定义“position:absolute”，之后配合 top、bottom、left 和 right 来定位。 定义公告栏目定位代码如下所示：

```
.Banner{
    position: relative;
}
.Banner span{
    color: red;
    top: 25px;
    left:60%;
    position: absolute;
}
```

任务四　列表图标实现

CSS 中还定义了伪选择器（pseudo-selector），它们提供了更复杂的功能，但并非直接对应 HTML 文档定义的元素。伪选择器分两种：伪元素和伪类。

一、了解伪元素

使用:before 和:after 选择器会生成内容，并将其插入文档。以上两种伪元素分别在选中元素的之前和之后插入内容。

二、制作列表图标

选中每个 li，使用:before 伪元素在其页头插入内容。设置为相对定位，偏移至文字前，形成列表项图标。列表图标代码如下所示：

```
.information-bottom li:before{
    content: "\00a0";
    position: absolute;
    width: 5px;
    height: 5px;
    background-color: #bfcc2a;
    top: 8px;
    left:-10px;
}
```

通过使用伪元素为每个列表项添加了项目列表图标后，页面如图 3-46 所示。

- [公告栏]关于变更本校网站域名的通告热点文章>
- [教学组室]高技16装潢"青春故事会"毕业设计展即将举
- [校园动态]我院代表参加杭州市中华职教社社员代表大会
- [信息快递]2018元旦文艺汇演隆重举行
- [教学组室]艺术系成功开展2017年公开课活动
- [培训信息]我院服装类职业技能培训全部结束
- [教学组室]我院机电系教师赴杭州网端科技有限公司商谈
- [信息快递]环城北路校区学生处召开宿管员会议
- [教学组室]艺术系举行2017年专场招聘会

图 3-46　项目列表效果图

任务五　响应式开发

一、了解媒体查询

媒体查询可以让我们根据设备显示器的特性为其设定 CSS 样式。例如，我们仅使用几行代码，就可以根据诸如视口宽度、屏幕比例、设备方向（横向或纵向）等特性来改变页面内容的显示方式。

媒体查询由媒体类型和一个或多个检测媒体特性的条件表达式组成。媒体查询中可用于检测的媒体特性有 width、height 和 color 等。使用媒体查询，可以在不改变页面内容的情况下，为特定的一些输出设备定制显示效果。使用媒体查询设置页面在 720 像素宽度时显示对应样式的代码如下所示：

```
@media screen and(max-width: 720px){
    body{
        padding: 0 calc((100% - 600px) / 2);
    }
    .main-top{
        width: 100%;
    }
    .photos img{
```

```
        margin-left: 0px;
    }
    .main-bottom{
        width: 100%;
    }
    .footer-left{
        width: 100%;
        text-align: center;
    }
    .footer-right{
        width: 100%;
        text-align: center;
    }
}
```

括号内的代码将会在屏幕宽度小于等于 720 像素时生效，从而达到覆盖电脑端样式的效果。例如在 720 像素下，页面内容区域宽度改变为 600 像素。

二、百分比单位

使用 em 替代 px 主要是为了文字缩放。em 的实际大小是相对于其上下文的字体大小而言的。如果我们给<body>标签设置文字大小为 100%，给其他文字都使用相对单位 em，那这些文字都会受 body 上的初始声明的影响。这样做的好处就是，如果在完成了所有文字排版后，客户又提出将页面文字统一放大一点，我们就可以只修改 body 的文字大小，其他所有文字也会相应变大。

三、制作手机端

移动端浏览器会缩小整个页面的大小来防止出现页面被截取

的情况，需要通过放大才能看到其中的内容。这是移动浏览器自动调整页面的功能。为了阻止移动浏览器自动调整页面大小，可以使用<meta>来设置缩放比例。设置页面缩放比例为 1（也就是不进行缩放）的代码如下所示：

```
<meta name="viewport" content="initial-scale=1.0,user-scalable=no"/>
```

◆综合实训　重设计页面实现

本项目以第 43 届世界技能大赛全国选拔赛网站设计赛项中的重设计页面实现模块真题为例，讲解对应知识点、解题步骤及得分要点。

赛题任务是将设计完成的 3 个页面实现到一个 HTML 文件中，使用 HTML5＋CSS3.0＋JS 脚本技术来进行自适应/响应式网页制作，使得在 3 种设备的分辨率下（1440 像素 × 900 像素、768 像素 × 1024 像素、480 像素 × 960 像素）可以对该网站进行正确的浏览。这里主要讲解页面布局实现相关知识点，设计部分知识点可参看上一章内容。该页面在 3 种设备分辨率下的设计稿如图 3-47、图 3-48、图 3-49 所示。

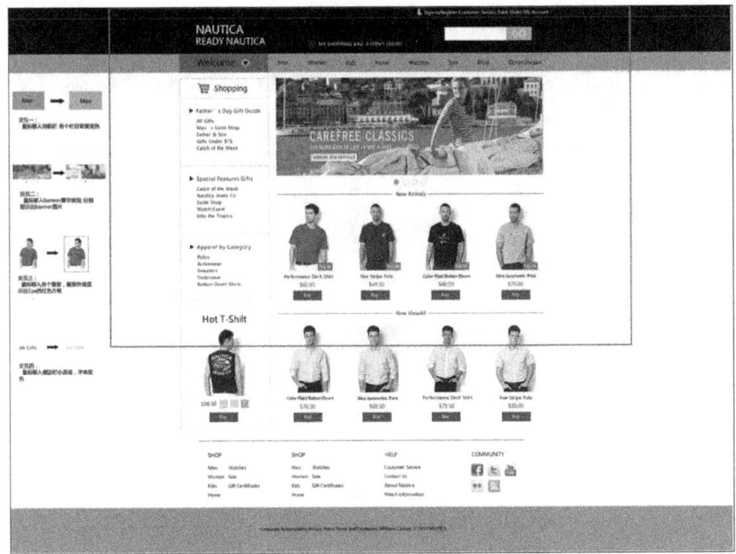

图 3-47　电脑端设计稿

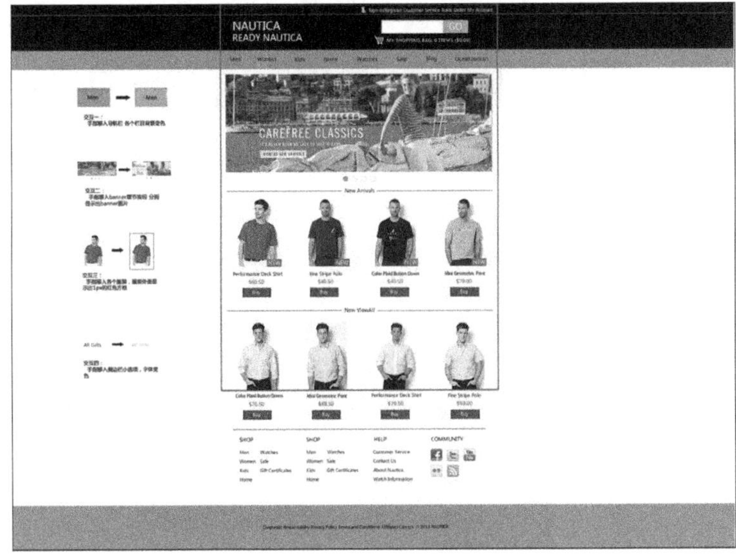

图 3-48　平板端设计稿

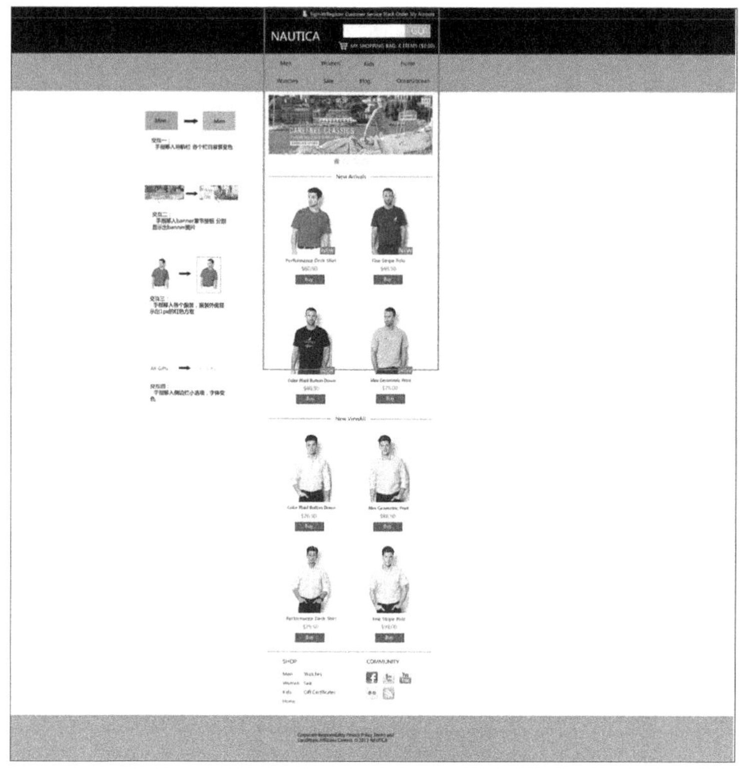

图 3-49　手机端设计稿

本项目对照赛题各功能点的要求来进行代码实现，在讲解代码之前，首先分析赛题要求及实现方法。 如表 3-7 所示为赛题得分点解析。

表 3-7　赛题解析

赛题要求	赛题解析
窄屏与宽屏之间变化的临界值是 800 像素	分辨率在小于 800 像素的时候通过预先设置的媒体查询进行样式的更换，以达到宽屏到小屏的变化效果

续　表

赛题要求	赛题解析
站点的代码必须经过HTML5的验证(W3C网站官方验证)	通过W3C官网验证HTML文件是否存在error标识,常见的错误有图片标签没加alt属性,行元素嵌套块元素,等。需要注意error标识将会被扣分,而warning标识虽不在扣分范围内,但也应尽量避免 http://validator.w3.org/#validate_by_upload(官方验证网址)
CSS代码必须经过CSS3的验证(W3C网站官方验证)	通过W3C官网验证CSS文件是否存在error标识,常见的错误有属性值使用单位不存在,选择器或属性名错误,等。需要注意error标识将会被扣分,而warning标识虽不在扣分范围内,但也应尽量避免 http://jigsaw.w3.org/css-validator/(官方验证网址)
使用正确的前缀来定义不稳定的(不正式的)CSS属性	各浏览器对CSS的计算略有差别,特别是在使用CSS3中一些前沿属性时更为严重,为了能够让各浏览器识别及提升样式的兼容性,需要使用前缀来定义这些不稳定的CSS属性,例如谷歌浏览器中使用的"-webkit-"等
在你的HTML和CSS代码中书写注释	在HTML中通过"＜！—注释内容—＞"语法,在CSS中通过"/*注释内容*/"语法来对你的代码进行说明,例如HTML结构、CSS属性目的等。需要注意毫无意义或重复的注释将不得分
设计将会在谷歌Chrome浏览器中进行评分	浏览器的兼容性应该是首要考虑的
使用同设计中一致的字体	以设计稿的字体为准,需要注意统一性
按照自己的设计稿,某些元素仅仅在宽屏布局下可见,一些将仅在窄屏布局下可见	通过将CSS中的display属性设置为none来实现隐藏元素

续　表

赛题要求	赛题解析
对于1440像素×900像素、768像素×1024像素两个分辨率下包含的站点Banner动画进行设计和实现(不能使用flash来制作,页面载入后自动播放并具备暂停和继续播放功能,并包含每个章节的章节按钮)	包括Banner动画效果等网站中大部分的交互功能都需要通过JavaScript来实现
实现设计稿中设计的各种交互操作功能(如鼠标单击、触摸和隐藏列表等)	通过伪类实现移入交互效果

任务一　HTML结构布局

一、各分辨率下块面结构分析

1. 电脑端

通常来说，对于上面有页头、下有页脚、中间分侧边栏和内容区域的布局，使用如图3-50所示的布局结构。

2. 平板电脑端

在平板端进行浏览时，侧边栏将被隐藏。布局结构如图3-51所示。

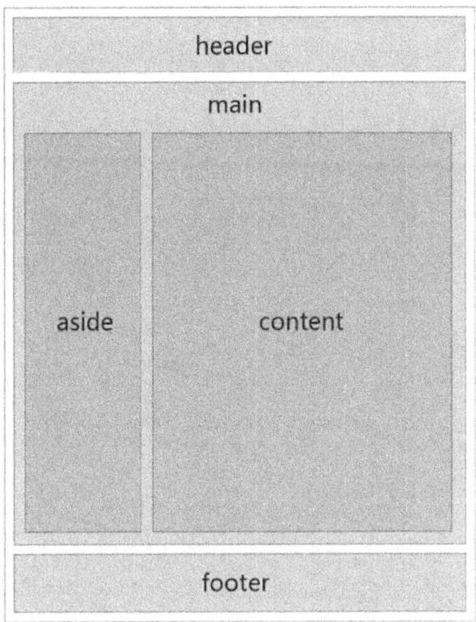

图 3-50　电脑端结构图

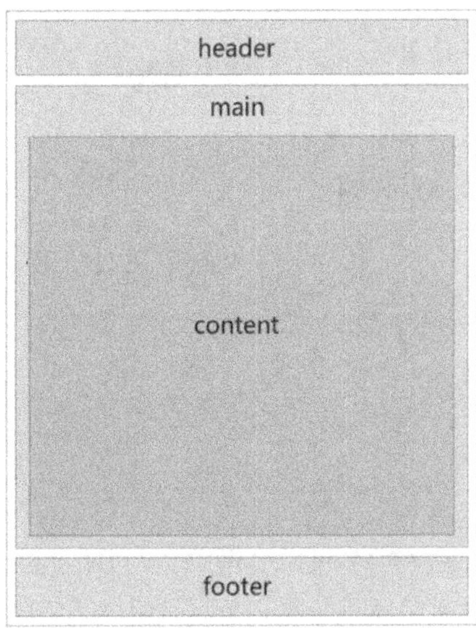

图 3-51　平板端结构图

3. 手机端

在手机端进行浏览时，布局结构同平板端相同，仅宽度改变。 布局结构如图 3-52 所示。

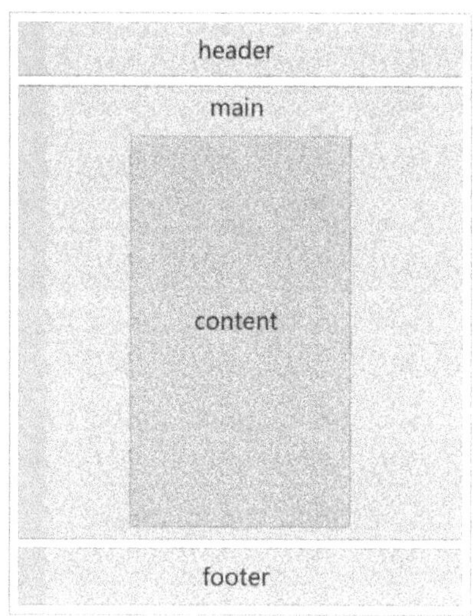

图 3-52　手机端结构图

二、页面 HTML 代码

根据上面的分析，通过组合页面各栏目得到的重设计页面的外层 HTML 代码如下所示：

```
<!--top-->
<header></header>
<!--body-->
<main class="page-width">
    <aside class="aside"></aside>
    <article class="content"></article>
</main>
<!--页脚-->
<footer></footer>
```

根据重设计页面的 HTML 结构可以看到页面被分成了页头、侧边栏、主体内容、页脚 4 个部分。在没有添加内容的情况下，浏览器中显示空白。

三、页面中各部分的 HTML 结构

1. 顶部菜单

在<header>顶部栏目中增加顶部菜单，HTML 代码如下所示：

```
<div class="top-menu page-padding-width">
    <img src="images/user.png" alt="">
    <span> Sign-in/Register Customer Service Track Order My
    Account </span>
</div>
```

2. 子菜单

在<header>顶部栏目中增加子菜单，HTML 代码如下所示：

```
<div class="sub-menu page-padding-width">
    <div class="logo">
      <span class="logo-h1"> nautica </span>
      <span class="logo-h2"> READY NAUTICA </span>
    </div>
    <span class="shopping-bag"> MY SHOPPING BAG: 0
    ITEMS( $ 0.00) </span>
    <div class="search">
      <input type="text" aria-label="搜索">
      <img src="images/search.png" alt="">
    </div>
</div>
```

3. 导航

在<header>顶部栏目中增加导航，HTML 代码如下所示：

```
<nav class="nav page-padding-width">
    <div class="welcome">
        <span> Welcome </span>
        <img src="images/down.png" alt="">
    </div>
    <ul>
        <li><a href="#"><span> Men </span></a></li>
        <li><a href="#"><span> Women </span></a></li>
        <li><a href="#"><span> Kids </span></a></li>
        <li><a href="#"><span> home </span></a></li>
        <li><a href="#"><span> Watches </span></a></li>
        <li><a href="#"><span> Sale </span></a></li>
        <li><a href="#"><span> Blog </span></a></li>
        <li><a href="#"><span> Ocean2ocean </span></a></li>
    </ul>
</nav>
```

箭头引用了<img>图片标签，每个导航对应一个<a>链接地址。导航部分代码在浏览器中的执行效果如图 3-53 所示。

Welcome ▼

- Men
- Women
- Kids
- home
- Watches
- Sale
- Blog
- Ocean2ocean

图 3-53　导航显示效果图

4. 侧边栏

在<aside>增加侧边栏中各列表项，HTML 代码如下所示：

```
<section class="shopping">
    <div class="content h1">
        <img src="images/shop_car.png" alt="">
        <span> Shopping </span>
```

```
    </div>
    <div class="content">
      <ul>
        <li class="active"><a href="#">Father's Day Gift Guide
        </a></li>
        <li><a href="#">All Gifts</a></li>
        <li><a href="#">Men's Swim Shop</a></li>
        <li><a href="#">Father & Son</a></li>
        <li><a href="#">Gifts Under $75</a></li>
        <li><a href="#">Catch of the Week</a></li>
      </ul>
    </div>
    <div class="content">
      <ul>
        <li class="active"><a href="#"> Special Features Gifts
        </a></li>
        <li><a href="#"> Catch of the Week</a></li>
        <li><a href="#"> Nautica Jeans Co.</a></li>
        <li><a href="#"> Swim Shop</a></li>
        <li><a href="#"> Watch Event</a></li>
        <li><a href="#"> Into the Tropics</a></li>
      </ul>
    </div>
    <div class="content">
      <ul>
        <li class= "active"><a href="#">Apparel by Category
        </a></li>
        <li><a href="#">Polos</a></li>
        <li><a href="#">Activewear</a></li>
        <li><a href="#">Sweaters</a></li>
        <li><a href="#">Outerwear</a></li>
        <li><a href="#">Button-Down Shirts</a></li>
      </ul>
    </div>
  </section>
  <section class="hot">
    <div class="content h1">
      <span>Hot T-Shirt</span>
    </div>
    <div class="content shop">
      <img src="images/hot.png" alt="">
      <div>
```

```
            <span> $ 98.50 </span>
            <ul>
                <li><img src="images/hot_s1.png" alt=""></li>
                <li><img src="images/hot_s2.png" alt=""></li>
                <li><img src="images/hot_s3.png" alt=""></li>
            </ul>
        </div>
        <button type="button" class="button"> Buy </button>
    </div>
</section>
```

侧边栏由 shopping 和 hot 组成，每个组成对应一个＜section＞，侧边栏部分在浏览器中的执行效果如图 3-54 所示。

图 3-54　侧边栏显示效果图

5. Banner

在<article>内容区域中增加 Banner，HTML 代码如下所示：

```
<section class="banner">
    <div class="banner-img">
        <img src="images/banner1.fw.png" alt="">
        <img src="images/banner2.fw.png" alt="">
        <img src="images/banner3.fw.png" alt="">
        <img src="images/banner4.fw.png" alt="">
    </div>
    <ul>
        <li class="active"></li>
        <li></li>
        <li></li>
        <li></li>
    </ul>
</section>
```

第一个<img>图片标签表示当前显示的图片，其余的<ul>列表标签表示切换按钮（掌握下一章知识后，可以制作通过按钮，切换当前显示图片的交互效果）。Banner 部分在浏览器中的执行效果如图 3-55 所示。

图 3-55　Banner 显示效果图

6. 商品列表

在<article>内容区域中增加商品列表，HTML 代码如下所示：

```
<section class="new-arrivals">
    <div class="shop-h1">
        <span> New Arrivals </span>
    </div>
    <div class="shop-items">
        <div class="shop-item">
            <img src="images/item1.png" alt="">
            <span class="item-name"> Performance Deck Shirt </span>
            <span class="item-price">  $ 60.50 </span>
            <button class="button" type="button"> Buy </button>
        </div>
        <div class="shop-item">
            <img src="images/item2.png" alt="">
            <span class="item-name"> Fine Stripe polo </span>
            <span class="item-price"> $ 49.50 </span>
            <button class="button" type="button"> Buy </button>
        </div>
        <div class="shop-item">
            <img src="images/item3.png" alt="">
            <span class="item-name"> Color Plaid Button Down </span>
            <span class="item-price">  $ 40.00 </span>
            <button class="button" type="button"> Buy </button>
        </div>
        <div class="shop-item">
            <img src="images/item4.png" alt="">
            <span class="item-name"> Mini Geometric Print </span>
            <span class="item-price"> $ 79.00 </span>
            <button class="button" type=" button"> Buy </button>
        </div>
    </div>
</section>
<section class="new-viewall">
    <div class="shop-h1">
        <span>  New ViewAll </span>
    </div>
    <div class="shop-items">
```

```
        <div class="shop-item">
          <img src="images/item5.png" alt="">
          <span class="item-name">Color Plaid Button Down</span>
          <span class="item-price">  $76.50</span>
          <button class="button" type="button">Buy</button>
        </div>
        <div class="shop-item">
          <img src="images/item6.png" alt="">
          <span class="item-name">Mini Geometric Print</span>
          <span class="item-price">$88.50</span>
          <button class="button" type="button">Buy</button>
        </div>
        <div class="shop-item">
          <img src="images/item7.png" alt="">
          <span class="item-name">Performance Deck Shirt</span>
          <span class="item-price">$79.50</span>
          <button class="button" type="button">Buy</button>
        </div>
        <div class="shop-item">
          <img src="images/item8.png" alt="">
          <span class="item-name">Fine Stripe polo</span>
          <span class="item-price">$99.00</span>
          <button class="button" type="button">Buy</button>
        </div>
      </div>
    </section>
```

内容区域中共包含两栏目商品列表，这里以第一栏“New Arrivals”为例，每个＜div＞商品中包含了＜img＞商品图片、＜span＞商品名称和价格、＜button＞购买按钮。商品列表在浏览器中的执行效果如图 3-56 所示。

New Arrivals

Performance Deck Shirt $60.50
Buy

Performance Deck Shirt $49.50
Buy

Performance Deck Shirt $40.50
Buy

Performance Deck Shirt $79.00
Buy

图 3-56　商品列表显示效果图

7. 页脚信息

在<footer>页脚中增加页脚信息，HTML 代码如下所示：

```
<div class="bottom-nav page-width">
      <div class="column shop1">
        <div class="column-title">  shop </div>
        <ul>
```

```
            <li><a href="# ">Men</a></li>
            <li><a href="# ">Women</a></li>
            <li><a href="# ">Kids</a></li>
            <li><a href="# ">Home</a></li>
            <li><a href="# ">Watches</a></li>
            <li><a href="# ">Sale</a></li>
            <li><a href="# ">Gift Certificates</a></li>
        </ul>
    </div>
    <div class="column shop2">
        <div class="column-title">shop</div>
        <ul>
            <li><a href="# ">Men</a></li>
            <li><a href="# ">Women</a></li>
            <li><a href="# ">Kids</a></li>
            <li><a href="# ">Home</a></li>
            <li><a href="# ">Watches</a></li>
            <li><a href="# ">Sale</a></li>
            <li><a href="# ">Gift Certificates</a></li>
        </ul>
    </div>
    <div class="column help">
        <div class="column-title">help</div>
        <ul>
            <li><a href="# ">Customer Service</a></li>
            <li><a href="# ">Contact Us</a></li>
            <li><a href="# ">About Nautica</a></li>
            <li><a href="# ">Watch Information</a></li>
        </ul>
    </div>
    <div class="column community">
        <div class="column-title">community</div>
        <ul>
            <li><a href="# " class="icon1"></a></li>
            <li><a href="# " class="icon2"></a></li>
            <li><a href="# " class="icon3"></a></li>
            <li><a href="# " class="icon4"></a></li>
            <li><a href="# " class="icon5"></a></li>
        </ul>
    </div>
</div>
<div class="copyright">Corporate Responsibility Privacy
```

```
Policy Terms and Conditions Affiliates Careers © 2013
    NAUTICA
</div>
```

页脚由 4 组列表组成，每个列表对应一个＜ul＞，列表中包含＜div＞列表标题及＜li＞列表项。页脚在浏览器中的执行效果如图 3-57 所示。

SHOP

- Men
- Women
- Kids
- Home

- Watches
- Sale
- Gift Certificates

SHOP

- Men
- Women
- Kids
- Home

- Watches
- Sale
- Gift Certificates

HELP

- Customer Service
- Contact Us
- About Nautica
- Watch Information

COMMUNITY

图 3-57　页脚列表项

任务二　CSS 页面实现

一、页面结构样式实现

为了使中间的侧边栏与内容区域显示为并列，把它们放在了一个 div 中，然后对其使用弹性盒子布局。

需要特别注意，侧边栏与内容区域之和一定要小于或等于包裹它们的父元素宽度，否则内容区域就会被挤到下一行。注意计算宽度的时候要把 padding 和 margin 都包括在内。

另外需要注意的一点是，侧边栏和内容区域设为弹性盒子后，外边距不再会自动重合。重设计页面的 CSS 部分代码如下所示：

```
.page-width {
width: 96%;
max-width: 1080px;
margin-left: auto;
margin-right: auto;
}

.page-padding-width {
padding-left: calc((100% - 1080px) / 2);
padding-right: calc((100% - 1080px) / 2);
}

ul,li {
list-style-type: none;
margin: 0;
padding: 0;
}

a,a:hover{
text-decoration: none;
}

.button {
```

```
padding: 3px 30px;
border: none;
font-size: 14px;
color: #fff;
background: #016701;
}

header {
background: #010101;
}

nav {
background: #999999;
}

.top-menu {
display: flex;
justify-content: flex-end;
border-bottom: 1px solid #999;
padding-top: 4px;
padding-bottom: 4px;
}

.top-menu img {
margin-right: 4px;
}

.top-menu span, .sub-menu span {
color: #fff;
font-size: 12px;
}

.sub-menu {
display: flex;
justify-content: space-between;
align-items: center;
padding-top: 10px;
padding-bottom: 10px;
color: #fff;
}

.logo {
```

```
display: flex;
flex-direction: column;
}

.logo> .logo-h1 {
font-size: 30px;
line-height: 30px;
text-transform: uppercase;
}

.logo> .logo-h2 {
font-size: 20px;
text-transform:uppercase;
}

.search {
display:flex;
}
.search> input {
margin: 0;
padding: 0;
border: none;
}

.nav {
display: flex;
}

.welcome {
display: flex;
justify-content: center;
align-items: center;
width: 250px;
margin-right: 20px;
padding-top: 10px;
padding-bottom: 10px;
background: #676767;
}

.welcome span {
font-size: 20px;
margin-right: 10px;
```

```
}

.welcome img {
width: 16px;
}

.nav> ul {
flex: 1;
display: flex;
justify-content: space-between;
}

.nav> ul li {
flex: 1;
display: flex;
justify-content: center;
line-height: 36px;
}

.nav> ul li:hover{
background: #ff9326;
}

.nav> ul a {
display: flex;
align-items: center;
}

.nav> ul span {
color: #010101;
}

main {
display: flex;
margin-top: 16px;
}

main> aside {
width: 250px;
display: flex;
flex-direction: column;
margin-right: 20px;
```

```
}

main> article {
flex: 1;
display: flex;
flex-direction:column;
}
```

通过上述 CSS 代码实现了重设计页面的基本样式风格与布局效果。在浏览器中的显示效果如图 3-58 所示。

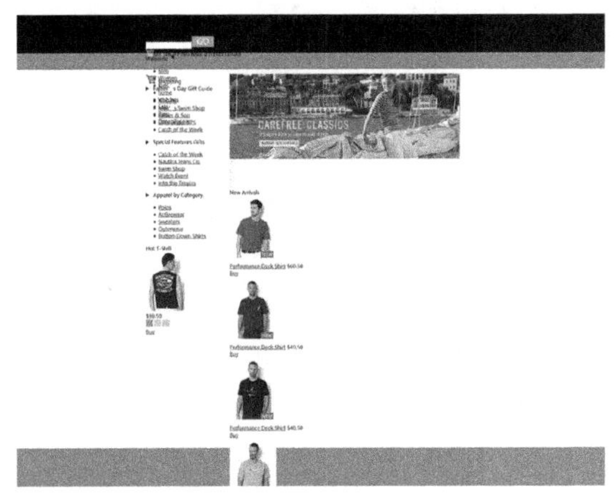

图 3-58　页面基础结构图

二、商品项目列表样式实现

之前页面中仍然存在错位的现象，主要问题为商品列表没有进行横向排列。这里用弹性盒子解决该问题，CSS 样式代码如下所示：

```
.aside .shopping {
margin-bottom: 20px;
}
```

```
.aside .content {
border: 1px solid #a9ccf4;
border-bottom: none;
padding: 20px;
}

.shopping> content:last-child {
border-bottom: 1px solid #a9ccf4;
}

.hot> .content:last-child {
border-bottom: 1px solid #a9ccf4;
}

.aside .content a {
color: #010101;
}

.aside .content.h1 {
display: flex;
justify-content: center;
align-items: center;
font-size: 22px;
font-weight: normal;
margin-bottom: 0;
}

.aside .content.h1 img {
width: 30px;
margin-right: 10px;
}

.aside .content a {
display: inline-block;
width: 100%;
padding-left: 16px;
font-size: 14px;
}

.aside .content li.active:before {
content: '';
```

```
display: block;
position: absolute;
margin-left: -16px;
margin-top: 6px;
width: 10px;
height:10px;
background: url("../images/ac.png")center;
background-size: cover;
}

.hot .shop {
display: flex;
flex-direction: column;
align-items: center;
}

.hot .shop div {
display: flex;
align-items: center;
margin: 6px 0px;
}

.hot .shop ul {
display: flex;
}

.hot .shop ul img {
padding: 4px;
}

.hot .shop span {
color: red;
}

.banner-img {
overflow: hidden;
white-space: nowrap;
font-size: 0;
}

.banner-img> img {
width: 100%;
```

```
}

.banner ul {
display: flex;
justify-content: center;
}

.banner li {
width: 16px;
height: 16px;
margin: 8px;
border: 1px solid #a9ccf4;
border-radius: 50%;
background: #fff;
}

.banner li.active {
background: #999;
}

.new-arrivals, .new-viewall {
margin: 16px 0;
}

.shop-h1 {
display: flex;
align-items: center;
margin-bottom: 6px;
}

.shop-h1 span {
margin: 0 10px;
}

.shop-h1:before {
content: '';
flex: 1;
display: block;
height: 2px;
background: #000;
}
```

```
.shop-h1:after {
content: '';
flex: 1;
display: block;
height: 2px;
background: #000;
}

.shop-items {
display: flex;
}

.shop-item {
flex: 25%;
display: flex;
flex-direction: column;
align-items: center;
}

.shop-item .item-name {
font-size: 14px;
}

.shop-item .item-price {
color: red;
margin-bottom: 4px;
}
```

使用弹性盒子后，商品列表在浏览器中的显示效果如图 3-59 所示。

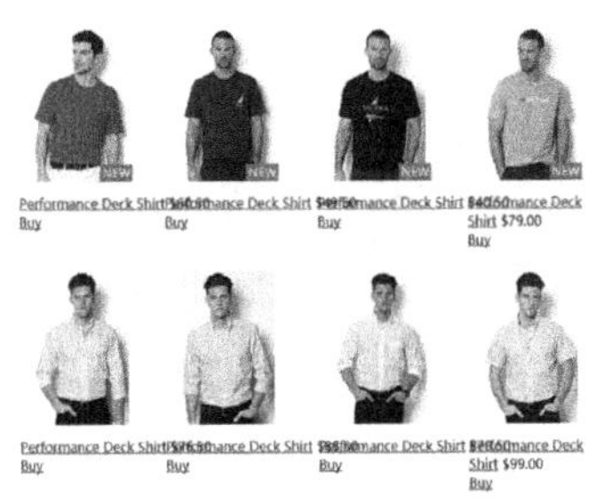

图 3-59　商品列表在浏览器中的显示效果图

三、icon 雪碧图

CSS 雪碧图的基本原理是把网站上用到的一些图片整合到一张单独的图片中，从而减少网站的 HTTP 请求数量，降低服务器压力，同时提高页面的加载速度，节约服务器的流量。

雪碧图使用方法为，首先将多张零碎图片通过 Photoshop 处理，合成为一张图片。 通过使用 CSS 中的 background-size 和 background-position 属性控制显示区域范围，图片是在 CSS 中定义，而非<img>标签。

本项目中图片素材提供的 Logo 与 icon 均为一张图片，如图 3-60 所示。

图 3-60　图片素材提供的雪碧图

页面中使用雪碧图的 CSS 样式代码如下所示：

```
.icon1{
    display: inline-block;
    width: 32px;
    height: 32px;
    background-image: url("../images/global_sprite.png");
    background-position:0px bottom;
}
.icon2{
```

```
    display: inline-block;
    width: 32px;
    height: 32px;
    background-image: url("../images/global_sprite.png");
    background-position:-32px bottom;
}
.icon3{
    display: inline-block;
    width: 32px;
    height: 32px;
    background-image: url("../images/global_sprite.png");
    background-position:-64px bottom;
}
.icon4{
    display: inline-block;
    width: 32px;
    height: 32px;
    background-image: url("../images/global_sprite.png");
    background-position:-96px bottom;
}
.icon5{
    display: inline-block;
    width: 32px;
    height: 32px;
    background-image: url("../images/global_sprite.png");
    background-position:-128px bottom;
}
```

所有 icon 均使用 global_sprite. png 一张图片，减少了 HTTP 请求次数。 最终在浏览器中的显示效果如图 3-61 所示。

COMMUNITY

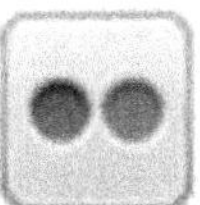

图 3-61　雪碧图使用效果图

四、页面 CSS 实现效果

上述 CSS 实现了页面中大部分样式，剩余的字体与边框等样式，可以参考光盘“项目素材\3 响应式页面实现模块\综合实训一重设计页面实现”中的 CSS 文件，最终页面在浏览器中的效果如图 3-62 所示。

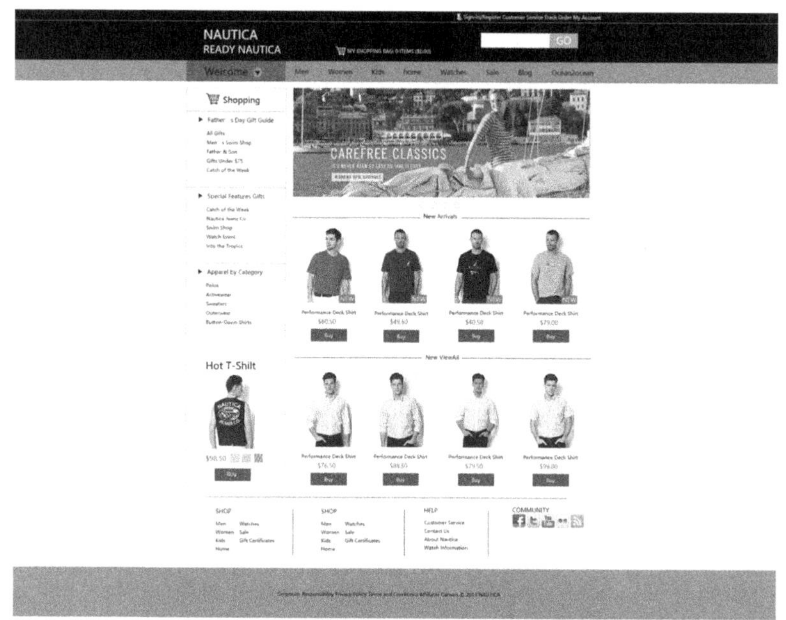

图 3-62　电脑端浏览效果图

任务三　制作平板端

根据赛题要求，制作页面在 768 像素 × 1024 像素分辨率下的浏览效果。使用 media 媒体查询技术来实现在 800 像素宽度下替换为平板端样式的功能。媒体查询代码如下所示：

```
<link href="css/mobile_table.css" rel="stylesheet" type="text/css"
media="screen and(max-width:800px)">
```

其中 media 属性表示在屏幕宽度小于 800 像素时，引入的样式才生效。平板端样式文件内 CSS 代码如下所示：

```
.page-width {
width: 96%;
max-width: 748px;
margin-left: auto;
margin-right: auto;
}

.page-padding-width {
padding-left: calc((100%-748px)/2);
padding-right: calc((100%-748px)/2);
}

.aside{
display: none;
}

.bottom-nav .column{
margin: 0 10px;
}

.sub-menu{
height: 90px;
flex-direction: column;
flex-wrap: wrap;
align-content: space-between;
}

.shopping-bag{
order: 1;
}
```

上述代码中通过将 display 属性设置为 none 来实现隐藏侧边栏的效果。另外还改变了平板端中各栏目的宽度，统一设置最宽为 750 像素来适应平板端中内容的展示效果。最终页面在平板端中的浏览效果如图 3-63 所示。

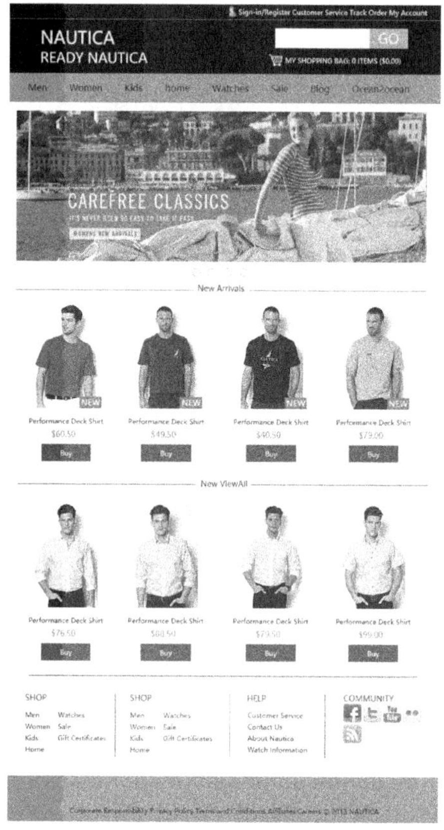

图 3-63 平板端浏览效果图

任务四 制作手机端

根据赛题要求，制作页面在 480 像素 × 960 像素分辨率下的浏览效果。 使用 media 媒体查询技术来实现在 550 像素宽度下替换为手机端样式的功能。 媒体查询代码如下所示:

```
<link href="css/mobile_phone.css" rel="stylesheet" type="text/css"
media="screen and(max-width:550px)">
```

其中 media 属性表示在屏幕宽度小于 550 像素时，引入的样式才生效。手机端样式文件内 CSS 代码如下所示：

```
.page-width {
width: 96%;
max-width: 450px;
margin-left: auto;
margin-right: auto;
}

.page-padding-width {
padding-left: calc((100% - 450px) / 2);
padding-right: calc((100% - 450px) / 2);
}

.welcome{
display: none;
}

.nav>ul{
flex-wrap: wrap;
}

.nav>ul li{
flex: 24%;
}

.shop-items{
flex-wrap: wrap;
}

.shop-item {
flex: 40%;
margin: 10px 0;
}

.column.shop2,.column.help{
```

```
display: none;
}
```

上述代码中通过改变各商品宽度，并允许换行来实现将商品由一行四个排列改为一行两个排列。还改变了手机端中各栏目的宽度，统一设置最宽为 450 像素来适应手机端中内容的展示效果。最终页面在手机端中的浏览效果如图 3-64 所示。

图 3-64　手机端浏览效果图

项目小结

在本项目中，通过真实的赛题了解了世赛中页面实现模块常见的得分点及处理方法。在练习的过程中，学习了雪碧图的处理以及应用方式。希望读者通过对这个案例的学习，可以在以下方面有所收获：

1. 了解比赛中规定的响应式分辨率要求；

2. 了解雪碧图的概念及其使用方式；

3. 掌握比赛得分点。

通过本项目的学习与实践后，填写表 3-8 进行自我评价。

表 3-8　自我评价

评价内容	评价等级			
	整体低于行业标准	整体达到行业标准	部分高于行业标准	整体优于行业标准
所有不稳定的 CSS 属性都被使用前缀，正确定义了（Mozilla，Chrome，Safari，IE）				
从宽屏到窄屏来回切换屏幕尺寸的时候，布局的大小变化是自然平缓的				
与设计稿的吻合程度				
HTML 和 CSS 代码有内部注释来描述代码用途				
CSS3 可以通过验证				
HTML 可以通过验证				

如表 3-9 所示为本项目所用到的标签。

表 3-9　所有用到的标签

标签	说明
<header>	定义页头
<main>	定义主要内容
<aside>	定义侧边栏
<article>	定义文章等大区块
<footer>	定义页脚
<ul>	定义无序列表
<li>	定义列表项目
<input>	根据不同的 type 属性值，输入字段拥有很多种形式。输入字段可以是文本字段、复选框、掩码后的文本控件、单选按钮、按钮等等
<div>	纯洁的块元素
<span>	纯洁的行元素
<img>	该元素向网页中嵌入一幅图像
<a>	定义超链接，用于从一张页面链接到另一张页面

如表 3-10 所示为本项目所用到的样式。

表 3-10　所有用到的样式

样式	说明
Flex	元素分配的空间，是否自动缩放等的缩写
Flex-direction	元素横竖的排列方式
Flex-wrap	元素挤不下情况下，是否自动换行
Width	设置元素的宽度

续　表

样式	说明
Height	设置元素的高度
Padding	设置元素内容与边框之间的间距
Border	设置围绕元素的边框
Margin	设置元素与周围元素之间的间距
Display	设置元素布局的类型，如行元素或块元素
font-size	设置元素文字的字号大小
letter-spacing	设置元素文字间距
list-style-type	设置列表项标记的类型
font-weight	设置元素文字垂直对齐方式用于设置显示元素的文本中所用的字体加粗
min-height	设置元素高度的最低值，元素可以比指定值高，但不能比其矮

课后练习

完成摄影网站布局，要求在屏幕宽度 768 像素时切换为平板端，屏幕宽度 480 像素时切换为手机端，图片素材见光盘“项目素材\3 响应式页面实现模块\综合实训一重设计页面实现”中的课后练习文件。完成后页面在各设备中的显示效果如图 3-65、图 3-66所示。

图 3-65　摄影页面电脑端浏览效果图

图 3-66 摄影页面平板电脑端(左)与手机端(右)浏览效果图

第四章　前端交互应用模块

项目一　制作备忘录

本项目主要通过学习 JavaScript 基础，以及 jQuery 插件来进一步丰富页面，并开发备忘录小工具。主要涉及内容有通过选择器获取输入的文字，通过操作节点保存输入的文字，通过遍历删除选中的条目。项目完成效果如图 4-1 所示（后续项目内代码出现//表示后跟注释说明文字，不是演示代码的组成部分）。

图 4-1　完成后的首页效果图

项目参照世界技能大赛，使用 jQuery 库实现各功能点。

任务一　了解 JavaScript 语言

JavaScript 是面向 Web 的编程语言。绝大多数现代网站都是用了 JavaScript，可以通过＜script＞标签来嵌入 JavaScript 代码，当浏览器加载 HTML 文件的时候，它会自动执行这段代码。如今很多 Web 浏览器带有很多开发工具，可以用来调试、试验和学习。可以按 F12 键来唤醒控制台。

一、数据类型

JavaScript 的数据类型分为两类：原始类型（primitive type）和对象类型（object type）。JavaScript 中的原始类型包括字符串、数字和布尔值。

1. 字符串

在 JavaScript 程序中的字符串直接量，是由单引号或双引号括起来的字符序列。由单引号定界的字符串中可以包含双引号，由双引号定界的字符串中也可以包含单引号。创建字符串的代码如下所示：

```
""//空字符串,它包含零个字符
'testing'
'name="myform"'
```

2. 数字

和其他的编程语言不同，JavaScript 不区分整数值和浮点值。JavaScript 中的所有数均用浮点数值表示。

a)整型直接量

在 JavaScript 程序中，用一个数字序列表示一个十进制整数。创建整型直接量的代码如下所示：

```
0
3
1000000
0xff//15*16+15=255(十六进制)
```

b)浮点型直接量

浮点型直接量可以含有小数点，它们采用的是传统的实数写法。一个实数由整数部分、小数点和小数部分组成。创建浮点型直接量的代码如下所示：

```
3.14
234.678
6.02e23//6.02*10^23
```

3.布尔值

布尔值指代真或假、开或关、是或否。这个类型只有两个值，保留字 true 和 false。JavaScript 中的比较语句结果通常都是布尔值，代码如下所示：

```
var a=2;
a==2//true
```

这段代码用来检测变量 a 的值是否等于 2，如果等于，比较的结果就是 true；如果不等，比较结果则为 false。

二、运算符

JavaScript 中的运算符用于算术表达式、比较表达式、逻辑表达式、赋值表达式等。大多数运算符都是由标点符号表示的，如“+”和“=”。而另外一些运算符则是由关键字表示的，如delete和instanceof。

1. “+”运算符

二元加法运算符“+”可以对两个数字做加法，也可以做字符串连接操作，代码如下所示：

```
1+2//3
'hello'+'world'//hello world
'1'+'2'//12
```

2. “-”运算符

减法运算符代码如下所示：

```
2-1//1
2-2//0
2-3//-1
```

3. “*”运算符

乘法运算符比加法和减法运算符具有更高的优先级，乘法将先执行。

```
2-1*2//0
2*2-2//2
```

4. “/”运算符

运算符“/”的第一个操作数为被除数，第二个操作数为除数。

```
4/2//2
5/2//2.5
```

5. “++”“--”运算符

递增“++”运算符对其操作数进行增量（加一）操作，运算符将操作数转换为数字，然后给数字加1，并将加1后的数值重新赋值给变量、数组元素或者对象属性。

当运算符在操作数之前，称为“前增量”运算符，它对操作数进行增量计算，并返回计算后的值。示例代码如下所示：

```
var a=1,b=++a;//a 和 b 的值都是 2
```

当运算符在操作数之后，称为“后增量”运算符，它对操作数进行增量计算，但返回未做增量计算的值。示例代码如下所示：

```
var a=1,b=a++;//a 是 2,b 是 1
```

递减“——”运算符对齐操作数进行减一操作。示例代码如下所示：

```
var a=1,b=--a;//a 和 b 的值都是 0
var a=1,b=a--;//a 是 0,b 是 1
```

6.“+=”“-=”“*=”“/=”运算符

除了常规的赋值运算“=”之外，JavaScript 还支持许多其他的赋值运算符，这些运算符将赋值运算符和其他运算符连接起来，提供一种更为快捷的运算方式。例如，运算符“+=”执行的是加法运算和赋值操作，代码如下所示：

```
var a +=b
```

以上表达式和接下来的表达式是等价的，代码如下所示：

```
var a=a + b
```

这类运算符还包括“+=”“-=”“*=”“/=”等。

三、语句

语句是 JavaScript 整句或命令，用来执行以使某件事发生。JavaScript 中有很多语句的控制结构来改变语句的默认执行顺序。

1. 条件语句

条件语句是通过判断指定表达式的值来决定执行还是跳过某些语句。这些语句是代码的“分支”。程序执行到这里时必须从中选择一条路径继续执行。

if 语句是一种基本的控制语句，它让 JavaScript 程序可以选择执行路径，更准确地说，就是有条件地执行语句，这种语句有两种形式，第一种代码如下所示：

```
if(expression)
statement
```

在这种形式中，需要计算 expression 的值。如果计算结果是真值，那么就执行 statement。如果 expression 的值是假值，那么就不执行 statement。代码如下所示：

```
if(expression==null)
statement
```

if 语句的第二种形式引入了 else 从句，当 expression 的值是 false 的时候执行 else 中的程序。其代码如下所示：

```
if(expression==null)
statement1
else
statement2
```

这段代码中，当 expression 为真值时执行 statement1，当 expression 为假值时执行 statement2。

2. 循环语句

循环语句就是程序路径的一个回路，可以让一部分代码重复执行。其中最常用的循环就是对数组元素的遍历。

for 语句具有特定的计数器变量，在循环开始之前要初始化这个变量，然后在每次循环执行之前都检测一下它的值。最后，计数器变量做自增操作，否则就是在循环结束后、下一次判断循环条件前做修改。在这一类循环中，计数器的三个关键操作是初始化、检测和更新。for 语句就将这 3 个操作明确声明为循环语法的一部分，各自使用一个表达式来表示。for 语句的代码如下所示：

```
for(initialize;test;increment)
statement
```

initialize、test 和 increment 这 3 个表达式之间用分号分隔，他们分别负责初始化操作、循环条件判断和计数器变量的更新。将它们放在循环的第一行会更容易理解 for 循环正在做什么，而且也可以防止忘记初始化或者递增计数器变量。

任务二　了解 JavaScript 中的函数

函数是这样的一段 JavaScript 代码，它只定义一次，但可能被执行或调用任意次。你可能已经从诸如此类程序名字里对函数的概念有所了解。JavaScript 函数是参数化的，函数的定义会包括一个成为形参的标识符列表，这些参数在函数体中像局部变量一样工作。本项目中定义了更新列表、添加列表项、修改列表项、删除选中项等函数。

一、函数的定义

函数使用 function 关键字来定义，可以用在函数定义表达式或者函数声明语句里。在两种形式中，函数定义都从 function 关键字开始，其后面跟随这些组成部分：

1. 函数的名称标识符

函数名称是函数声明语句必需的部分。 它的用途就像变量的名字，新定义的函数对象会赋值给这个变量。 对函数定义表达式来说，这个名字是可选的。

2. 一对圆括号

其中包含由 0 个或者多个用逗号隔开的标识符组成的列表。这些标识符是函数的参数名称，它们就像函数体中的局部变量一样。

3. 一对花括号

其中包含 0 个或多个 JavaScript 语句。 这些语句构成了函数体。

使用函数声明语句来创建一个计算两个变量之和的函数代码如下所示：

```
function sum(a,b){
return a + b;
}
```

使用函数定义表达式来创建一个计算变量平方的函数代码如下所示：

```
var square=function(a){
return a * a;
}
```

二、函数的调用

构成函数主体的 JavaScript 代码在定义时并不会执行，只有调用该函数时，才会执行。 一函数调用表达式的代码如下所示：

```
var total=100 + sum(50,200);//350
```

函数的返回值成为调用表达式的值。如果解释器到达结尾，返回值就是 undefined。如果函数返回时解释器执行到一条 return 语句，返回值就是 return 之后的表达式的值，如果 return 语句没有值，则返回 undefined。

三、函数的实参与形参

JavaScript 中的函数定义并未指定函数形参的类型，函数调用也未对传入的实参值做任何类型检查。实际上，JavaScript 函数调用甚至不检查传入形参的个数。

1. 形参

形参是在定义函数时使用的参数，目的是用来接收调用该函数时传进来的实际参数。

2. 实参

实参是在调用时传递给函数的参数，代码如下所示：

```
function myfun(a,b,c){
    ...
}
myfun(1,2,3);
```

这里 a，b，c 就是形参；1，2，3 为实参。形参和实参是不同的变量，他们在内存中处于不同的位置，形参在函数运行结束时将被释放。

任务三　了解 jQuery

jQuery 是一个 JavaScript 库，它通过处理 JavaScript 编程的诸多细节，让你快速开始编程。 使用 jQuery，你可以只用一行代码来实现以前需要编写 100 行 JavaScript 代码才能做到的事情。

一、JavaScript 库简介

很多 JavaScript 程序必须一次又一次地处理同一组 Web 页面任务：选择元素、添加新的内容、隐藏和显示内容、修改标签的属性、确定表单字段的值，以及让程序对不同的用户交互做出响应。 幸运的是，JavaScript 库提供了可以省略以前那些耗费时间的编程细节的一种方式。

二、为什么要使用 jQuery

冗长的程序代码已经过时了，有很多 JavaScript 库，并且其中的很多都用于像 Yahoo、Amazon、Twitter 以及更多其他的主流 Web 站点上。 其中 jQuery 库具有如下优点：

1. 相对较小的文件大小；
2. 对 Web 设计师友好；
3. 它是免费的；
4. 拥有很大的开发者社区；
5. 是世界技能大赛中主要的 JavaScript 代码库。

jQuery 不是唯一的 JavaScript 库。 还有很多其他的库。 其中的一些设计用来执行特定的任务，另一些则是以解决存在的每个 JavaScript 任务为目标的通用库。 下面是一些最为流行的库：

1. Dojo Toolkit（http://dojotoolkit.org）；

2. Mootools（http://mootools.net）；

3. Anlguar（https://angularjs.org）。

三、获取 jQuery 文件

jQuery 只是一个外部 JavaScript 文件中的一组 JavaScript 程序。和任何外部 JavaScript 文件一样，需要将其链接到自己的 Web 页面。当将其添加到一个 Web 页面的时候，可以有以下两种选择：

1. 使用 CDN

也就是说，另一个 Web 站点寄存了 jQuery 文件，并且将其发送给请求它的任何人。这种方法还有几个优点：首先，可以减少分发给站点访问者的文件，而为自己的 Web 服务器节省若干毫秒的时间。其次，CDN 还有位于全球的服务器。例如，如果某人从新加坡访问你的站点，他将会从比你的 Web 服务器要近得多的一台服务器接受 jQuery 文件。

可以在 Web 页面的<head>中添加如下这行代码，通过 CDN 引入 jQuery 的代码如下所示：

```
<script src="http://code.jquery.com/jquery-3.3.1.min.js"></script>
```

2. 下载自己的 jQuery 文件

本书教程文件包含 jQuery 库文件，但由于 jQuery 团队定期更新该库，因此可以在“http://jquery.com/download”网址中找到最新版本。

通过在 Web 页面的<head>中添加<script>标签，并将 src 属性的值修改为对应下载路径，来引入自行下载的 jQuery。

任务四　实现备忘录添加功能

一、使用 jQuery 获取 DOM

jQuery 对象也称为“jQuery 包装集”，是 jQuery 库特有的对象。该对象其实就是一个“类”，不仅封装了许多方法，而且还可以通过动态加载插件来扩展类的功能。获取 jQuery 对象的代码如下所示：

```
$()// 返回 jQuery 对象
$('#sl')// 返回 id 值为 sl 的 jQuery 对象
```

可以发现，jQuery 获取 DOM 就是通过 $（）方法。实参是一个选择范围及条件，语法与 CSS 选择器语法一致（jQuery 选择器实现了 CSS1—CSS3 的大部分规则）。

二、使用 jQuery 绑定单击事件

JavaScript 中有一个非常重要的功能，就是事件驱动。当页面完全加载后，用户通过鼠标或键盘选择页面中的标签，就可以触发所绑定的事件。jQuery 库为开发者提供了更有效的事件编写行为，封装了大量有益的事件方法供开发人员使用。

在 jQuery 中，通过 click（）方法来为元素绑定单击事件，具体代码如下所示：

```
$(function() {
$('.add-item').click(function(e) {
        var str = $('.new-todo').val();
        addItem(str,false);
        updateListHTML();
});
});
```

在上述代码中，$（function（）{}花括号内的代码将在页面加载完执行，如果不进行此操作，且选择器在页面加载前就开始寻找，则会报错。

内容$（'.add-item'）首先获取class为add-item的标签对象（$函数的字符串参数和CSS选择器的语法非常相近），然后通过click（）方法为该标签对象绑定处理方法，在触发单击时会执行传入的函数。

触发执行的函数后，首先通过$（'.new-todo'）获取输入框（$函数的字符串参数和CSS选择器的语法非常相近），jQuery中的val（）方法可以取到表单中的输入值。

接着通过addItem函数，传入保存了所有备忘条目的list数组（list数组保存了备忘录的数据），这里state状态默认是false。addItem函数的具体代码如下所示：

```
var list=[];
function addItem(str,state) {
  list.push([str,state]);
}
```

三、使用jQuery插入DOM

更新list数组后，调用updateListHTML函数更新列表的HTML结构，updateListHTML函数的具体代码如下所示：

```
function updateListHTML(){
      $('.todo-list').empty();
      for(var i=0;i<list.length;i++){
            var row=list[i];
            var item=$('<li class="todo">' +
            '<div class="view">' +
```

```
            '<input type="checkbox"class="toggle">' +
            '<label>' + row[0] +' </label>' +
            '</div></li>');
            if(row[1])item.addClass('completed');
            $('.todo-list').append(item);
        }
}
```

该函数首先使用 $('.todo-list') 选中所有备忘列表项的父元素，调用 empty() 方法将其清空后。循环加载当前 list 中的所有列表项，每条列表项 DOM 对象通过 append() 方法插入到备忘录列表中。row 数组的下标 1 记录了完成状态，判断后通过 jQuery 添加对应样式（操作样式的语法在任务五中会详细讲解）。

任务五　实现备忘录勾选功能

一、jQuery 遍历

jQuery 为了提升选择 DOM 的能力，增加了一系列遍历函数。jQuery 遍历函数包括了用于筛选、查找和串联元素的功能。常用的遍历函数如表 4-1 所示。

表 4-1　jQuery 遍历函数

目　标	jQuery 语法	描　述
父元素选择器	$('li').parent();	获取 li 的父元素
祖父元素选择器	$('li').parents();	获取 li 的所有祖父元素
兄弟元素选择器	$('li').siblings();	获取 li 的所有兄弟元素
子元素选择器	$('li').children();	获取 li 的所有子元素
孙元素选择器	$('li').find();	获取 li 的所有孙元素

在创建每个备忘列表项时，我们通过调用 children（'.view

'）.children（'input'）方法来选中列表项中的勾选框，为其绑定单击事件，代码如下所示：

```
item.children('.view').children('input').click(function() {
            var item=$(this).parents('.todo');
            item.toggleClass('completed');
            var bool=item.hasClass('completed');
            editItem(item.index(),bool);
});
```

二、jQuery 操作元素样式

jQuery 对样式的操作包括直接设置 CSS 样式、增加 CSS 类别、类别切换、删除类别等操作。

通过 addClass（'completed'）来添加样式。

通过 removeClass（'completed'）来删除样式。

通过 toggleClass（'completed'）来达到每次单击时备忘录列表项时切换 completed 样式的功能，页面中表现为勾选状态的来回切换。

通过 hasClass（'completeed'）来判断当前选中的 DOM 对象是否包含 completeed 样式，包含将返回 true，不包含将返回 false。将是否包含样式的布尔值传入修改列表项函数。以更新备忘录对中应列表项的勾选状态。

任务六　实现备忘录清理功能

一、为 Clear completed 按钮绑定单击事件

通过 $（'.clear-completed'）选中 Clear completed 按钮，并使用 click（）方法为其绑定单击事件。代码如下所示：

```
$(function(){
$('.clear-completed').click(function(){
    clearCheck();
})
});
```

当单击触发式，执行函数 clearCheck（ ）。

二、封装 clearCheck 函数清理完成的列表项

循环 list 数组，判断每一项的状态，如果为已完成（true）则删除该条项目（虽然我们使用了 for 循环，但这里可以尝试用 while 循环来实现倒序循环）。代码如下所示：

```
function clearCheck(){
    var len=list.length-1;
    for(i=len;i>=0;i--){
        if(list[i][1]){
            list.splice(i,1);
        }
    }
    updateListHTML();
}
```

上述代码中通过 splice（ ）方法删除数组中的元素，splice 第一个参数接收要删除的下标，第二个参数为删除的数量，因只需要将当前完成项删除，所以第二个参数传入 1。循环结束后调用 updateListHTML（ ）函数（任务四中已经实现）将重新加载界面中的列表项。

项目二　制作可拖动计算器

本项目使用 JavaScript、jQuery 库、jQuery UI 库制作一个简易的计算器，可以完成加减乘除和 AC（清屏），取反、百分比运算等基本功能。项目完成效果如图 4-2 所示。

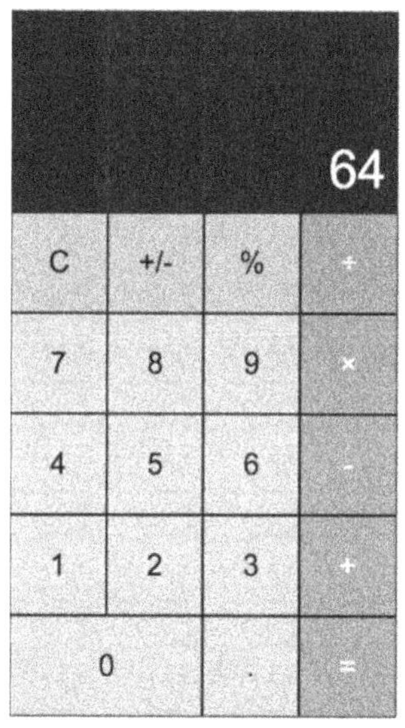

图 4-2　完成后的效果图

本章主要讲解 JavaScript 部分知识，项目的 HTML 结构与 CSS 样式见光盘中“案例”素材夹。其中 class 为 num 的是数字元素，class 为 cal 的计算元素。另需要注意数字的输入框非 <input>表单元素，不可手动输入。

任务一　使用 jQuery UI 完成拖动功能

在 Windows 系统中，经常会涉及一些与鼠标的交互操作。例如在文件夹之间拖动文件或在文件系统中四处移动文件，还有把文件拖放到回收站以实现删除文件功能。在浏览器中，可以通过 jQuery UI 框架中的拖动和拖放组件来快速地实现以上功能。

一、获取 jQuery UI 插件

jQuery UI 插件的拖动组件，可以实现在页面中自由拖动的效果。只要单击页面中的拖动组件对象，并拖动鼠标就可以将其移动到浏览器区域内的任意位置。

在页面中使用 jQuery UI 插件的拖动组件，需要经过如下步骤。

1. 在页面代码的<head>标签元素中添加拖动组件支持的类库、样式表等资源，具体内容如下，因 jQuery UI 依赖 jQuery 所以需要先引入 jQuery，引入所需代码如下所示：

```
<scripit type="text/javascript" src="script/jquery-3.1.1.js"></script>
<scripit type="text/javascript" src="script/jquery-ui.js"></script>
```

2. 通过 draggable（ ）方法为通过 jQuery 获取的 DOM 对象添加拖拽效果，该方法的具体语法如下：

```
$(selector).draggable();
```

二、使用 jQuery UI 拖动组件

使用 $（'.wrapper'）获取计算器 DOM 节点，通过 draggable（ ）方法绑定拖动事件。效果如图 4-3 所示。

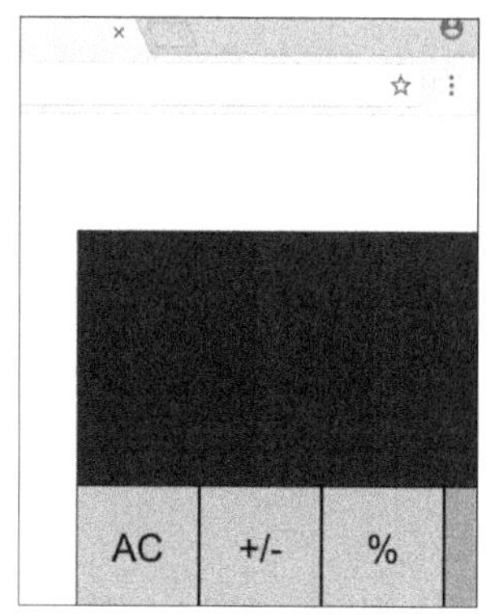

图 4-3　拖动后的效果图

拖动效果从图上可以看到是实现了，但是出现了可以拖出屏幕范围等用户体验不良好的情况。实际上，jQuery UI 可以通过设置拖动组件对象的属性，以达到预期的效果。例如将其中的 containment 属性设置为 window 后，拖动的范围就限制在了窗口中，代码如下所示：

```
$('.wrapper').draggable({
        'containment':'window'
});
```

任务二　了解 JavaScript 中的对象

对象是一种复合值，它将很多值（原始值或者其他对象）聚合在一起，可通过名字访问这些值。对象也可看作是属性的无序集合，每个属性都是一个名/值对。属性名是字符串，因此我们可以把对象看成是从字符串到值的映射。

使用对象直接量创建对象的代码如下所示：

```
var object={
            name: 'lili',
            age:20,
}
```

整个对象用花括号括起来，名/值之间用冒号分隔，名/值对之间用逗号分隔。

一、属性

属性名可以是 JavaScript 标识符也可以是字符串直接量。属性的值可以是任意类型的 JavaScript 表达式，表达式的值（可以是原始值也可以是对象值）就是这个属性的值。

属性可通过点（.）或方括号（[ ]）运算符来获取属性的值。运算符左侧应当是一个表达式，它返回一个对象。对于点（.）来说，右侧必须是一个以属性名称命名的简单标识符。对于方括号来说（[ ]），方括号内必须是一个计算结果为字符串的表达式，这个字符串就是属性的名字，访问属性的代码如下所示：

```
object.name//返回 lili
object['age']//返回 20
```

和查询属性值的写法一样，通过点和方括号也可以给属性赋值，代码如下所示：

```
object.eyes=2//新增 eyes 为 2 的属性
object['age']=16//修改 age 为 16
```

二、方法

方法和属性创建与读取的语法基本相同，只是方法保存的是

一个函数。 创建一个名称为 run 方法的代码如下所示:

```
var obj={
    site: 0,
    run: function(){
        this.site ++;
    }
}
```

调用对象的方法和调用函数一样需要加括号，调用 run 方法的代码如下所示:

```
obj.run();//obj.site 变成了 1
```

方法的调用和函数调用有一个重要的区别，即调用上下文。像在这样的方法调用中，对象成为调用上下文，run 体内的 this 指向 obj，所以是改变 obj. site 的值。 对象外 this 一般指向 window。

三、构造函数

JavaScript 中的构造函数可以用来创建特定类型的对象。 像 Object 和 Array 这样的原生构造函数，在运行时会自动出现在执行环境中。 此外，也可以创建自定义的构造函数，从而自定义对象类型的属性和方法。 使用构造函数模式的代码如下所示:

```
function Person(){
    this.name='lili';
    this.age=20;
    this.run=function(){}
}
var person=new Person();//person 对象具有 name 和 age 属性，以及
run 方法
```

构造函数执行结果在浏览器中的显示效果如图 4-4 所示:

```
function Person(){
        this.name = 'lili';
        this.age = 20;
        this.run = function(){}
}
var person = new Person()
undefined
console.log(person)
▶Person {name: "lili", age: 20, run: function}
```

图 4-4 构造函数执行结果

使用构造函数创建对象，类似别的语言中的通过类创建对象，注意这里 Person 的大小写，“类名”一般首字母大写，实例化后的对象则小写。必须使用 new 操作符。以这种方式调用构造函数实际上会经历以下 4 个步骤：

1. 创建一个新对象；

2. 将构造函数的作用域赋给新对象（因此 this 就指向了这个新对象）；

3. 执行构造函数中的代码（为这个新对象添加属性）；

4. 返回新对象。

四、封装计算器对象

计算器可以看作是一个对象，需要完成输入（计算内容）、输出（计算结果）等功能。

分析计算器的功能后，总结出计算器对象中应包含的属性和方法。其封装为 Calculator 对象如下：

1. viewContent（属性）：计算器屏幕显示的内容；

2. countRecort（属性）：保存计算器后台计算公式；

3. state（属性）：“1”代表正在输入，“2”代表清空后输入，用于切换用户按键后是否拼接记录数字；

4. init（方法）：绑定计算器各事件；

5. updateViewContent（方法）：更新屏幕显示的内容；

6. count（方法）：计算当前后台保存的公式。

```
function Calculator(){
    var_self=this;

    /* 屏幕显示内容 */
    this.viewContent='';

    /* 值记录 */
    this.countRecort='';

    /* *
     * 计算器状态
     *1:代表正常输入
     *2:代表清空后输入
     * */
    this.status=1;

    /* 内完成事件绑定 */
    this.init=function(){}

    /* 更新屏幕显示的内容 */
    this.updateViewContent=function(){}

    /* 计算显示屏幕内容方法 */
    this.count=function(){}
}
```

这里的_self 变量保存了当前的 this 指针，方便后续调用。

任务三　计算器按键

一、数字按键

按下数字时，首先切换清屏按钮显示状态。 接着获取按下数字后，根据当前计算器状态判断是继续输入数字，还是重新输入数字。最后调用自身更新屏幕显示内容方法。处理按键的代码如下所示：

```
$('.num>div').click(function(){
            $('.reset').children('span').HTML('C');
            var val=$(this).children('span').HTML();
            if(_self.status==1){
                _self.viewContent +=val;
            }else if(_self.status==2){
                _self.viewContent=val;
                _self.status=1;
            }
            _self.updateViewContent();
})
```

二、取反与百分比按键

取反实现方式为将当前屏幕内容乘等（"*="）-1后，调用更新屏幕显示内容方法。百分比实现方式为将当前屏幕内容除等（"/="）100后，调用更行屏幕显示内容方法，代码如下所示：

```
$('.negate').click(function(){
    _self.viewContent *=-1;
    _self.updateViewContent();
})
$('.percentage').click(function(){
    _self.viewContent/=100;
    _self.updateViewContent();
})
```

三、加减乘除按键

修改countRecort保存的值，拼接当前按键符号。切换计算器状态为2（清空后输入），代码如下所示：

```
$('.cal').click(function(){
    var cal=$(this).children('span').HTML();
    if(_self.status==2)return false;
    switch(cal){
        case' + ':
            cal=' + ';
            break;
        case'-':
            cal='-';
            break;
        case' × ':
            cal=' * ';
            break;
        case' ÷ ':
            cal='/';
            break;
    }
    _self.count();
    _self.countRecort=_self.viewContent + cal;
    _self.status=2;
})
```

四、清除当前屏幕内容

设置屏幕显示内容为 0，清空后台保存的计算公式，调用更新屏幕方法，并切换计算器当前状态为 2（清空后输入），代码如下所示：

```
$('.reset').click(function(){
    _self.viewContent=0;
    _self.countRecort='';
    _self.updateViewContent();
    _self.status=2;
    $(this).children('span').HTML('AC');
})
```

任务四　使用 eval()函数完成运算

eval（ ）函数可计算某个字符串，执行其中的 JavaScript 代码如下所示：

```
this.count=function(){
    _self.countRecort +=_self.viewContent;
    _self.viewContent=eval(_self.countRecort);
    _self.updateViewContent();
}
```

计算前，将当前屏幕输入内容进行拼接。 接着将当前后台保存的计算公式传入 eval 函数内，运行得到计算结果。 最后通过更新屏幕方法，将显示内容进行更新。

```
$(function(){
    window.cal=new Calculator();
    cal.init();
});
```

使用＄（function（ ）{}）在页面加载后，执行计算器相关事件的绑定。 到这里计算器基本制作完成。

项目三　制作贪吃蛇游戏

通过前几个项目的学习，已经能够利用 JavaScript 完成简单的、基础的应用，但是 JavaScript 不仅仅能做到这些，还有非常多的高级特性，甚至能够制作游戏。 本项目将制作贪吃蛇，项目的最终实现效果如下图 4-5 所示。

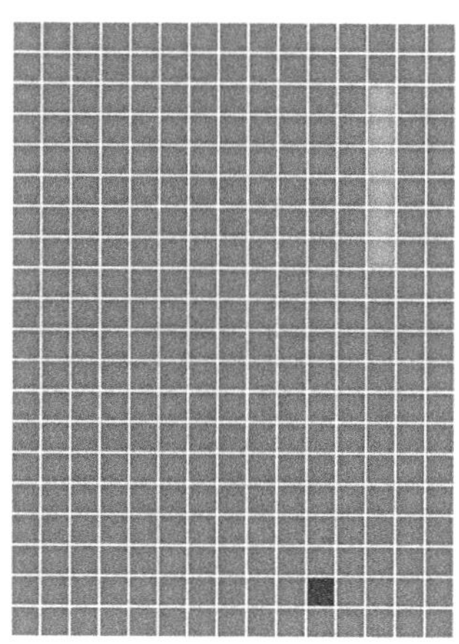

图 4-5　贪吃蛇游戏完成效果图

长条的格子代表蛇，单个的点代表食物，其余为可爬行的范围。本项目中将实现用户通过键盘“上下左右”键对贪吃蛇的“上下左右”移动的操纵，以及蛇和食物、墙壁的碰撞检测等核心操作的实现。

任务一　创建游戏对象

本次任务中我们尝试从面向对象程序设计的角度解决问题，思考后可抽象出游戏面板类、蛇类、食物类。回顾类与类之间的常见关系有如下几种。

1. 关联关系：最常见的一种结构化关系，用于表示一类对象与另一类对象之间有联系。

2. 聚合关系：比关联关系更紧密，一旦整体对象不存在，成员对象也不存在，成员对象和整体对象之间具有共生死的关系。

3. 泛化关系：一个指向其他类作为超类的继承。

可以判断出蛇类和食物类与游戏面板类都存在着关联关系。我们在页面结构加载完成后，初始化游戏对象及其关联对象（其他属性及方法在之后会解释），代码如下所示：

```
function Game(){
    this.snake=new Snake();    //蛇类
    this.nutrient=null;        //食物类
    this.row=20;
    this.col=20;
    this.data=[];
    this.dom= $('.wrapper').children('tbody');
    this.keyDir=4;
    this.timeInterval=null;
    this.tss=0.2;
    this.ts=0;
    this.init=function(){}
    this.start=function(){}
    this.updateDom=function(){}
    this.clearData=function(){}
    this.setEvent=function(){}
    this.gameOver=function(){}
}
$(function(){
    window.game=new Game();
    game.init();
})
```

一、功能分析

蛇的移动范围是 m×n 个格子组成的矩阵。 每个格子有 3 种状态分别为蛇身体、食物或者空。 游戏主要由蛇和食物对象组成。 游戏可以通过方向键控制蛇爬行方向，但是不能反向爬（例如蛇头向右的状态下，按左键）。

二、游戏对象属性：

1. row：游戏矩阵的行数；
2. col：游戏矩阵的列数；
3. data：存放游戏矩阵各格子状态；
4. snake：游戏中的蛇；
5. nutrient：游戏中的食物；
6. keyDir：游戏方向；
7. timeInterval：游戏定时器；
8. tss：游戏画面刷新时间。

三、游戏对象方法：

1. init：初始化游戏方法；
2. start：开始游戏方法；
3. updateDom：将 data 属性更新至界面；
4. clearData：将 data 数据清空；
5. setEvent：绑定方向按键所触发的事件；
6. gameOver：游戏结束方法。

任务二　了解 JavaScript 中的数组

数组是值的有序集合。每个值叫作一个元素，而每个元素在数组中有一个位置，以数字表示，称为索引。JavaScript 数组是无类型的，数组元素可以是任意类型，并且同一个数组中的不同元素也可能有不同的类型。数组的元素甚至也可能是对象或其他数组。

一、创建数组

使用数组直接量是创建数组最简单的方法，在方括号中将数组元素用逗号分隔。代码如下所示：

```
var numArray=[2,3,4];// 数组长度 3
var strArray=['a','b',,'c'];// 数组长度 4,注意 b 和 c 中间的空值
```

数组在浏览器控制台中的执行结果如图 4-6 所示：

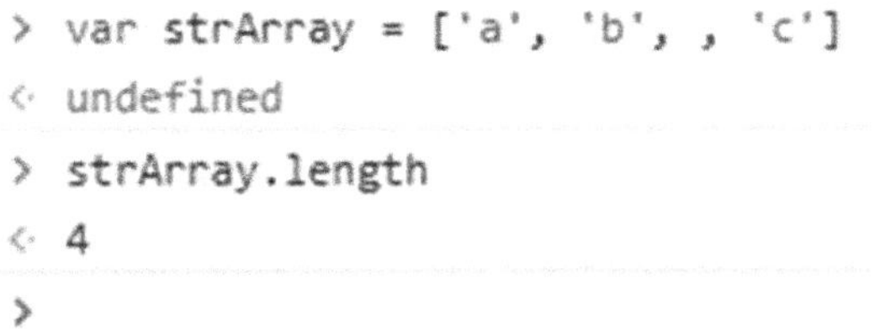

```
> var strArray = ['a', 'b', , 'c']
< undefined
> strArray.length
< 4
>
```

图 4-6　数组长度图

二、数组的读和写

使用 [ ] 操作符来访问数组中的一个元素。数组的引用位于方括号的左边，方括号中是返回非负整数值的任意表达式。代码如下所示：

```
numArray[1]// 读取第 2 个元素,返回 3
strArray[1 + 2]// 读取第 4 个元素,返回 c
```

三、多维数组

可以用数组的数组来创建多维数组，访问数组中的数组中的元素，只要简单地使用两次 [ ] 操作符即可（三维则再额外使用一组 [ ]，以此类推）。代码如下所示：

```
var numArray=[2,3,4];
var strArray=['a','b','c'];
var array=[numArray,strArray]// 数组的元素是数组
array[0][1]// 返回 3
array[1][2]// 返回 c
```

四、创建贪吃蛇地图数组

游戏中的地图是一个由“行数数组”组成的二维数组。根据定义的行数和列数进行两层循环，创建出存放游戏中所有格子状态的数组，地图数组代码如下所示：

```
for(var i=0;i<this.row;i++){
    this.data[i]=[];
    for(var j=0;j<this.col;j++){
        this.data[i][j]=0;// 创建 i 行 j 列格子,默认为空
    }
};
```

接着我们在创建存放游戏中所有格子状态的数组过程中，将 HTML 结构通过 jQuery 的 append 方法，也一并创建添加完成。

```
for(var i=0;i<this.row;i++){
    var row=$('<tr></tr>');// 插入一行
    this.data[i]=[];
    for(var j=0;j<this.col;j++){
        var td=$('<td></td>');// 插入一格
        this.data[i][j]=0;
        row.append(td);
    }
    this.dom.append(row);
};
```

任务三　创建贪吃蛇对象

贪吃蛇对象存有蛇当前的状态，如爬行的方向、dom 节点等。还具有蛇能够进行的动作，例如爬动方法、食物检测方法等。

一、贪吃蛇数组

贪吃蛇每一节都用一个数组表示，其中下标 0 代表 x 所在位置，下标 1 代表 y 所在位置。多个节点组成的二维数组，就是整条贪吃蛇的位置数据。代码如下所示：

```
this.data=[
    [0,0],
    [0,1],
    [0,2],
    [0,3],
    [0,4],
    [0,5]
];
```

二、贪吃蛇爬行方法

爬行方法将会在玩家按下键盘触发事件后被调用，爬行方法一共接受 3 个参数，分别是 dir（爬行的方向）、nX（食物 x 坐标）、nY（食物 Y 坐标）。爬行方法代码如下所示：

```
this.climb=function(dir,nX,nY){
    /**
     * 不能反向爬
     **/
    this.direction=dir;
    var bool=false;
```

```
        var lastArr=this.data[this.data.length-1].slice(0);
        switch(this.direction){
            case 1:
                //左
                lastArr[1]-=1;
            break;
            case 2:
                //上
                lastArr[0]-=1;
            break;
            case 3:
                //下
                lastArr[0]+=1;
            break;
            case 4:
                //右
                lastArr[1]+=1;
            break;
        }
        if(lastArr[0]!=nX || lastArr[1]!=nY){
            this.data.shift();
        }else{
            bool=true;
        }
        this.data.push(lastArr);
        return bool;
    }
```

实现爬行方法后，贪吃蛇程序就可以正常运行了。

三、食物对象

创建食物对象的代码如下所示，这里 count 方法接受一个食物随机创建的范围，返回创建食物的位置。 count 的原理是每次创建一个随机位置后去和蛇的身体每一格做判断，如果随机位置内已经是蛇的身体了，则再次调用自身随机一个新位置。

我们将整个棋盘的范围传入，通过计算出的食物位置更新

HTML 结构和样式。代码如下所示：

```
function Nutrient(){
    this.x=null;
    this.y=null;
    this.dom=null;

    this.init=function(maxX,maxY,wrapperDom){
        this.count(maxX,maxY);
        this.dom=wrapperDom.children().eq(this.x).children().
        eq(this.y);
        this.dom.removeClass('td').addClass('td2');
    };

    this.count=function(maxX,maxY){
        this.x=Math.floor(Math.random() * maxX);
        this.y=Math.floor(Math.random() * maxY);

        for(var i=0;i <game.snake.data.length;i++){
            if(this.x == game.snake.data[i][0]&&this.y == game.
            snake.data[i][1]){
                this.count(maxX,maxY);
                break;
            }
        }

    };

    this.clear=function(){
        this.dom.removeClass('td2');
    }
}
```

◆综合实训　汽车销售页面

本项目以第 43 届世界技能大赛全国选拔赛网站设计赛项中的重设计页面实现模块真题为例，讲解对应知识点、解题步骤及得分要点。

赛题任务是开发一个 web 应用来模拟以及管理一家新店的汽车销售工作。web 的工作界面有如下要求：

一、客户队列

使用一个队列，并且按照到达顺序来展示到达商店的客户。

1. 每次客户队列中最多只能有 10 个客户，当一个客户被移动到一辆车边后，一个新的客户才可以进入到队列中。

2. 你只能对排在队列中的第一个客户进行服务，并且根据他们所感兴趣的品牌，将他们分配到展厅中任何一辆允许被访问的车边。

3. 当客户所要求的车已经被卖掉后，该客户能访问任何其他品牌的车。

二、可供售卖的车

在商店中展示被售卖的车。这些车在销售大厅按照品牌分组。

1. Porsche with 4 cars

2. Volkswagen with 6 cars

3. Audi with 5 cars

4. BMW with 3 cars

三、收银台

一个区域，在这里客户可以决定他们是否要购买所看过的车。

四、出口

客户可以立即离开商店的地方。

五、统计数据展示

显示总共服务了多少名客户，卖出了多少辆车以及销售总额。

根据赛题栏目要求实现界面，如图 4-7 所示（本章以讲解 JavaScript 为主，界面设计及实现部分知识可查看前两章内容）。

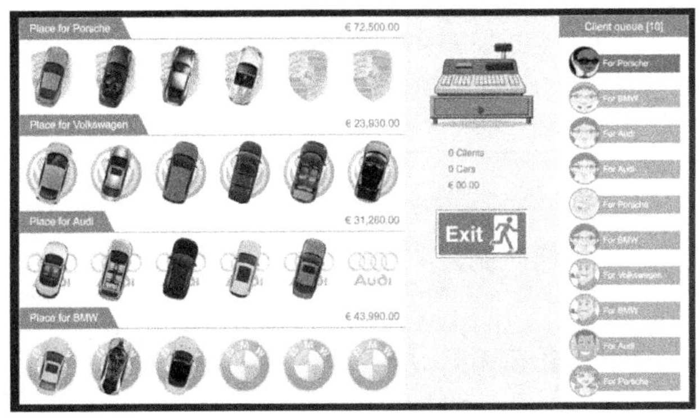

图 4-7　电脑端设计稿

本项目对照赛题各功能点的要求来进行代码实现，在讲解代码之前，首先分析部分赛题要求及实现方法。 如表 4-1 所示为赛题得分点解析。

表 4-1 赛题解析

赛题要求	赛题解析
排在第一的客户应当按照他的喜好被移动到展车旁。只有队列的第一个客户能够被移动,其他的人必须依次等待服务	客户触发 jQuery UI 的拖动事件后,获取当前拖动客户所处的位置,进行判断是否为第一个客户
被移动的客户只能占用那辆他们感兴趣品牌的车。如果客户被拖到其他地方,他们应当会返回到队列的顶部。一辆被客户占用的车是不能被其他顾客占用的,直到原来那个客户被移动到了收银台或者出口处,这样展车位就被释放了	该功能可以通过 jQuery UI 中拖动组件的 accept 属性来实现
在客户被拖到收银台后,一个是和否的信息被显示,询问客户是否想要买那辆车	使用 jQuery UI 的 dialog 组件来弹出一个对话框,设置组件 button 属性来实现对话框按钮的设置
正在看车的客户只能被移动到其所要求的同品牌的允许访问的车辆上,或者是收银台及出口区域。如果客户被拖动到别的不应当去的地方,他应当会自动返回原来的地方	使用 jQuery UI 设置顾客拖动的时候,将其中的 revert 属性设置为 invalid 值

任务一　制作队列

队列由顾客组成，每个顾客都包括头像和目标购买车辆，队列中最多同时存在 10 个顾客。

一、随机顾客

1. 创建存储车辆数据的数组，顾客代码如下所示，其中 name

表示车辆名称，money 表示车辆的价格，num 表示车的数量。

```
var cars=[{name:'Porsche',money:72500,num:4},
      {name:'Volkswagen',money:23930,num:6},
      {name:'Audi',money:31260,num:5},
      {name:'BMW',money:43990,num:3}];
```

2.使用随机数，随机 1—10 范围得到头像编号，随机 0—3 范围得到车辆编号，将随机数通过 jQuery 拼接成 HTML，代码如下所示：

```
var head=Math.ceil(Math.random() * 10);
var car=cars[Math.floor(Math.random() * 4)];
var clientObj= $(' <div class="client'+car.name+ '">
<div class="client-head client_'+head+ '"></div><span> For'+car.
name+ '</span></div>');
```

3.为顾客添加拖动事件，设置拖动参数，代码如下：

```
function newClient(){
var head=Math.ceil(Math.random() * 10);
var car=cars[Math.floor(Math.random() * 4)];
var clientObj= $(' <div class="client'+car.name+ '">'+
'<div class="client-head client_'+head+ '"></div>'+
'<span> For'+car.name+ '</span>'+
'</div>');
clientObj.draggable({
disabled:true,          // 设置为不可拖动
revert:'invalid',       // 设置拖动错误会返回原处
revertDuration:500,     // 设置返回动画持续时间
cursor:'pointer',       // 设置鼠标移入顾客显示为手型
cursorAt:'15 15',       // 设置拖动时鼠标位于顾客内的坐标
zIndex:9999,            // 设置拖动时元素的 z-index 轴
appendTo:'body',// 设置拖动时元素将被追加到 body 下
scroll:false,         // 设置拖动不可对页面造成滚动条
start:function(event,ui){
     $(this).animate({'width':'0px'});
     $(this).children('span').hide();
    if( $('#' + car.name).find('.car')
```

```
        .not('.carBuy,.carSold')
        .length <1&&getName( $(this)) !=car.name){
            $(this).addClass('carAll');
        }
        else{
            $(this).removeClass('carAll');
            $('.place').not('#' + car.name).css('opacity',0.5);
        }
    },
    stop:function(event,ui){
        if( $(this).parent().hasClass('clientList')){
            $(this).animate({'width':'200px'});
            $(this).children('span').show();
        }
        $('.place').css('opacity',1);
    }
    });
    return clientObj;
    }
```

通过以上步骤创建并返回了一个 jQuery 封装好的顾客对象。

二、队列管理

通过调用添加客户方法，来持续调用生产顾客函数，并将返回的值通过 jQuery 的 append 方法插入至队列中显示，代码如下所示：

```
function addClient(){
    if(_this.updateClientNum() <10){
        $('.clientList').append(newClient());
        _this.setFirst();_this.updateClientNum()
    }
    window.setTimeout(addClient,1000);
}
```

每次插入一名顾客都会调用更行队列数据的方法，该方法将队列中的第一位顾客透明度改为 1，并设置为可拖动状态，代码如下所示：

```
this.getFirst=function(){
    return $('.clientList.client:first');
};
this.setFirst=function(){
this.getFirst().css('opacity',1).draggable({disabled:false});
};
this.updateClientNum=function(){
var length=$('.clientList .client').length;
 $('#clientNum').HTML(length);
return length;
};
```

任务二　生成车辆

队列由顾客组成，每个顾客都包括头像和目标购买车辆，队列中最多同时存在 10 个顾客。

一、车辆队列

1. 之前已将程序中的车辆信息存储在了 cars 数组当中。 其中 name 表示车辆名称，money 表示车辆价格，num 表示车辆数量，代码如下所示：

```
var cars=[{name:'Porsche',money:72500,num:4},
    {name:'Volkswagen',money:23930,num:6},
    {name:'Audi',money:31260,num:5},
    {name:'BMW',money:43990,num:3}];
```

2. 对所有车辆种类进行遍历，读取每种车的数量再次进行循环，创建对应种类车辆并插入对应品牌位置。

二、创建车辆

1. 将当前品牌车辆的数据通过 jQuery 拼接成 HTML，代码如下所示：

```
var carName=cars[i].name;
var carObj= $(' <div class="car">
<div class="carIn"><img src="cars/'+carName+'_'+(j + 1)+'.png"alt
=""/>
</div></div> ');
```

2.为了让车辆能够被顾客所浏览，添加放置属性，代码如下所示：

```
function carLoad(){
for(i=0;i <cars.length;i ++){
for(j=0;j <cars[i].num;j ++){
var car=cars[i];
var carName=cars[i].name;
var carObj= $('<div class="car"><div class="carIn">'+
' <img src="cars/'+carName+'_'+(j + 1)+'.png"alt=""/>'+
'</div></div> ');
carObj.droppable({
accept:'.carAll,.'+ carName,// 设置可放置的元素必须包含的样式
tolerance:'pointer',            // 设置拖入状态判断为鼠标移入
activeClass:'active',           // 设置可被放置时自身的 Class
hoverClass:'hover',             // 设置移入放置元素时自身的 Class
drop:function(event,ui){
if(!ui.draggable.parent()
.hasClass('clientList')){
ui.draggable.parents('.car')
.removeClass('carBuy').droppable({disabled:false});
}
ui.draggable.addClass('inCar')
.css({'position':'absolute','left':'15px','top':'15px'})
.appendTo( $(this).children('.carIn'));
$(this).addClass('carBuy').droppable({disabled:true});
Queue.setFirst();Queue.updateClientNum();
}
});
$('#'+ carName).children('.car-body').append(carObj);
}
}
}
```

通过以上步骤，我们已经创建了所有基本的车辆，并将其插入了对应品牌的位置。

任务三　浏览车辆

可以拖动客户，拖动客户时界面中客户可以前往的地方将会高亮显示，如果顾客前往不该去的地方，将会返回原处。

一、使用 draggable 设置顾客为拖动元素时，可以同时设置 start 方法。该方法将在元素拖动开始时执行，代码如下所示：

```
$(this).animate({'width':'0px'});          // 隐藏顾客文字框
$(this).children('span').hide();           // 隐藏顾客文字
if($('#'+car.name).find('.car').not(
                                           // 目标车辆卖完后，顾客
                                              可以看所有车
'.carBuy,.carSold').length <1&&
getName($(this))!=car.name){
$(this).addClass('carAll');
}
else{      // 否则只能看目标车辆
     $(this).removeClass('carAll');
$('.place').not('#' + car.name).css('opacity',0.5);
}
```

二、使用 doppable 设置车辆为放置元素时，可以同时设置 drop 方法。该方法将在元素放置成功后执行，代码如下所示：

```
ui.draggable.addClass('inCar');      // 顾客从拖动状态，变为观看
                                        状态
.css({'position':'absolute','left':'15px','top':'15px'})
.appendTo($(this).children('.carIn'));
$(this).addClass('carBuy').droppable({disabled:true});
Queue.setFirst();Queue.updateClientNum();
                                     // 更行队列中记录的第一顾客。
```

三、顾客可以切换浏览同品牌的汽车，代码如下所示：

```
if(!ui.draggable.parent().hasClass('clientList')){
                                    //顾客是否移入了同品牌汽车
ui.draggable.parents('.car').removeClass('carBuy')
                                    //将顾客之前观看的车辆恢复
.droppable({disabled:false})}
```

任务四　离开购买

任何情况下将顾客拖动至 exit 区域，顾客都会离开。将 exit 区域设置为放置元素，放置属性如下所示：

```
tolerance:'pointer',
activeClass:'active',
hoverClass:'hover',
```

顾客被成功放置到 exit 区域后，将会触发 drop 方法。drop 方法代码如下所示：

```
function exitLoad(){
$('.exit').droppable({
tolerance:'pointer',
activeClass:'active',
hoverClass:'hover',
drop:function(event,ui){
ui.draggable.droppable({disabled:false});// 设置不可再次拖动顾客
if(!ui.draggable.parent().hasClass('clientList')){
                                    /还原占有车辆的可放置状态
ui.draggable.parents('.car').removeClass('carBuy')
.droppable({disabled:false})}
ui.draggable.css({'position':'absolute','left':'15px','top':
'0px'})                             //以动画方式移除顾客
.appendTo($(this));
ui.draggable.animate({left:'80px',opacity:0},function(){
$(this).remove();});
```

```
    Queue.setFirst();Queue.updateClientNum();
// 更新队列中记录的第一顾客
    }
    })
    }
```

任务五　结算功能

当顾客浏览过汽车移动到收银台后将弹出对话框询问顾客是否购买浏览过的车辆，弹出对话框通过 jQuery UI 的 dialog 组件实现。调用该组件传入对象参数，代码如下所示：

```
closeOnEscape:false,// 取消用户通过单击键盘 ESC 关闭对话框
draggable:false,      // 用户无法拖动对话框
width:500,            // 对话框宽度
height:200,           // 对话框高度
show:'explode',       // 对话框显示动画
hide:'explode',       // 对话框关闭动画
modal:true,           // 对话框出现时不能对页面进行其他任何操作
```

弹出的对话框可以通过设置 dialog 组件的 buttons 对象来实现。

设置“YES”按钮，代码如下所示：

```
"YES":function(){
 $(this).dialog('close');                    // 单击后关闭对话框
var border=$('<div class="border"></div>');
var sold=$('<img src="imagesMore/sold.png"alt=""class="sold"/>');
parentObj.append(sold);                      // 单击后将顾客移入收银台
parentObj.children('.sold').animate({width:'75px'});
                                             // 单击后将顾客浏览过的车
                                                辆设为已出售
ui.draggable.append(border);                 // 顾客播放购买动画
ui.draggable.children('.client-head').addClass('client_11');
parentObj.addClass('carSold');
window.setTimeout(function(){
updateRecord(carName,true);                  // 更新统计的数据
```

```
$('.cashier.client:first').remove(); // 顾客购买动画结束后移除
                                        顾客
},1000);
},
```

设置“NO”按钮，代码如下所示：

```
"NO":function(){
$(this).dialog('close');              // 单击后关闭对话框
parentObj.droppable({disabled:false});// 还原顾客浏览过的车辆状
                                        态为可浏览
ui.draggable.animate({top:'-20px',opacity:0},function(){
$(this).remove();                     // 移除顾客
updateRecord(carName,false);          // 更新统计的数据
});
}
```

项目小结

在本项目中，通过真实的赛题了解世赛中前端编程模块常见的得分点及处理方法。在练习的过程中，学习了 jQuery UI 的使用方式。希望读者通过对这个案例的学习，可以在以下方面有所收获：

1. jQuery UI 中对话框组件，拖动组件及放置组件的使用方式。

2. 了解汽车销售页面项目模块各功能点实现方式。

3. 掌握比赛得分点。

通过本项目的学习与实践后，填写表 4-2 进行自我评价。

表 4-2 自我评价

评价内容	评价等级			
	整体低于行业标准	整体达到行业标准	部分高于行业标准	整体优于行业标准
客户队列、出口区域、收银台、销售信息和日志以及车辆销售区符合要求				
对于用户操作的反馈是精确的				
所开发出应用的整体观感良好				
在使用该应用的过程中，控制台没有任何错误提示				
应用程序在各浏览器中的兼容性				

课后练习

在当前代码的基础上，尝试为汽车销售页面添加更多功能，了解 jQuery UI 更多使用技巧。新功能列表如下：

1. 动态添加删除汽车；

2. 存在用户的汽车无法被删除；

3. 修改汽车价格；

4. 在弹出的收银框中，可以查看到汽车额外的图片；

5. 记录每位顾客购买的车辆以及购买时的价格。

第五章　服务器端编程模块

项目一　用户中心

本项目主要通过学习服务器环境以及服务器端语言，来制作用户中心页面。 该页面包含用户登录验证、用户信息展示、用户收藏展示、用户注销等功能。 项目完成后部分效果如图 5-1 所示。

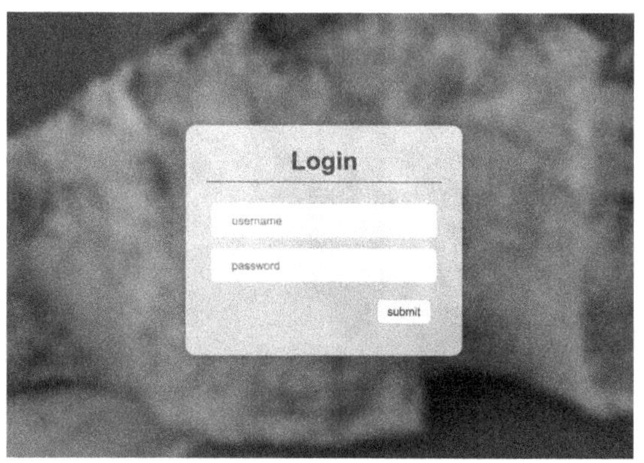

图 5-1　用户中心登录

项目参照世界技能大赛比赛场地环境，使用 Apache 作为服务器、使用 PHP 作为服务器端语言、使用 MySQL 作为数据库。

任务一　服务器端环境搭建

通过前面几章的学习，我们已经能够用 HTML5＋CSS3，可能还用到一点点 JS 来创建不错的 Web 页面。 但是，访问你网站的人除了被动查看页面上的内容外，并不能做多少其他工作，这种交流是单向的。

PHP 是服务器端语言，它允许你处理服务器上 Web 页面内容。 它的工作如下：在服务器上运行一个 PHP 脚本，可以读取用户发送的表单或请求信息，根据需要改变或生成 HTML 代码。

PHP 还可以在数据库中存储数据以及从数据库获取数据，并将数据结合到它生成的 HTML 代码中。

一、XAMPP 集成环境安装

XAMPP 是一个易于安装且包含 MySQL、PHP 和 Perl 的 Apache 发行版。

进入官网"https://www.apachefriends.org/index.HTML"，选择下载合适的版本一路安装启动后，界面如图 5-2 所示。

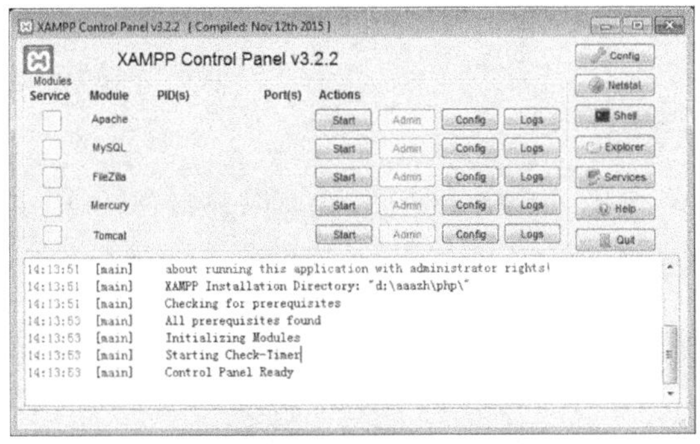

图 5-2　XAMPP 界面

二、Apach 开启

单击 Apache 右侧的 Start 按钮可以启动 Apache 服务器。

图 5-3　Apache 服务器开启

成功开启 Apache 后单击右侧 Admin 按钮，若显示如图 5-4 所示界面面，代表 Apache 开启成功。

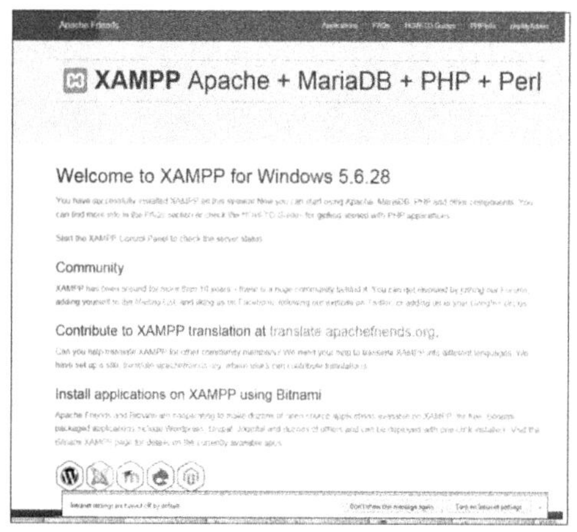

图 5-4　Apache 服务器测试

三、MySQL 开启

单击 MySQL 右侧的 Start 按钮可以开启 MySQL 数据库，如图 5-5 所示。

图 5-5　MySQL 数据库开启

成功开启 MySQL 后单击右侧 Admin 按钮，若显示如图 5-6 所示界面，代表 MySQL 开启成功。

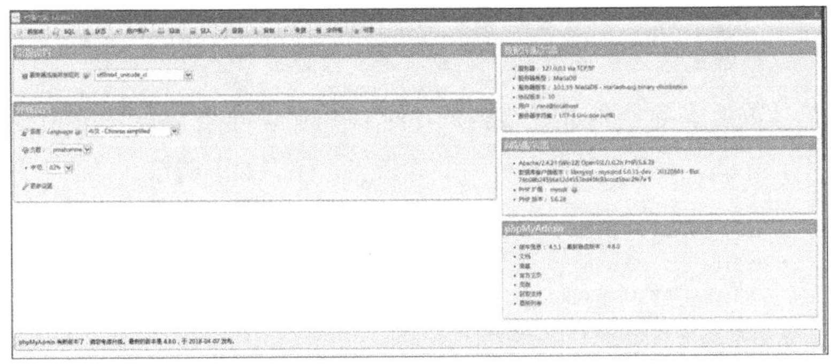

图 5-6　MySQL 数据库测试

任务二　了解 PHP 语言

通过引入 PHP 语言，web 服务器能够动态地生成 HTML Web 页面，PHP 脚本存储在 Web 服务器上，在这里 PHP 脚本得到处理并作为 HTML 页面传递到浏览器。XAMPP 中的 Apache 服务器默认 PHP 的存放路径为 htdocs 文件夹。

php 文件以. php 结尾，文件内的 php 代码需要写在＜?php?＞中间。php 语句结尾的分号不能遗漏。php 文件内能混写拼接 html、css 和 js。

一、数据类型

PHP 提供了 8 种类型的值。4 种标量型（单值）：整型、浮点数、字符串和布尔值。2 种复合类型（集合）：数组和对象。2 种特殊类型：资源和 NULL。本任务主要对 PHP 中的数组、对象、资源类型进行详细讨论。其余的类型因和上一章 JavaScript 中的大同小异不进行详细展开（注意 PHP 是通过 $ 来定义变量）。

1. 数组

数组保存一组值，这些值可以由数值或一些标识性的名称（字符串）来确定关联，称为关联索引，代码如下所示：

```
$array[0]='PHP';
$array[2]='server';
$array[3]='apache';
$array['name']='goudan';
$array['age']='20';
$array['sex']='man';
```

2. 对象

PHP 也支持面向对象编程（OOP）。OOP 促进了更清晰的模块化设计，简化了调试和维护工作并有助于代码复用。

类（class）是面向对象设计的基础。类是一个包含属性（变量）和方法（函数）的结构，其中类由关键字 class 定义，代码如下所示：

```
class Person{
    public $name='';
    function name($newName=NULL){
        if(!is_null($newName)){
            $this->name=$newName;
        }
        return $this->name;
    }
}
```

一旦定义了一个类，就可以用关键字 new 创建这个类的任意数量的对象，类的属性和方法可以通过－＞结构访问，代码如下所示：

```
  $bb=new Person;
  $bb->name('Bb');
echo 'Hello,'.$bb;//输出 Hello,Bb
```

代码在浏览器中的显示效果如图 5-7 所示:

Hello,Bb

图 5-7　获取类属性执行效果图

3. 资源

许多模块提供一些函数用于处理外部事物。例如，每一个数据库扩展至少有一个连接数据库的函数、一个发送数据查询的函数以及一个关闭数据库连接的函数。因为可以打开多个数据库连接，连接函数需要提供标志不同连接的方法——资源（或称句柄）。这样当你调用数据库查询和关闭函数时，才知道使用的是哪个连接。资源类型的代码如下所示:

```
$res=database_connect();
database_query($res);
$res=NULL;//关闭数据库连接
```

二、运算符

运算符需要一定的值，然后进行某种操作（例如，将它们相加）。运算符的书写和标点符号一样，例如我们熟悉的数学符号"+"和"-"。某些操作符修改其他操作数，但大部分操作符不会这么做。

1. 字符串连接操作符

处理字符串是 PHP 的核心功能之一，PHP 用点字符（.）作为字符串连接的操作符。这个连接符把右边的字符串添加到左边，并返回结果字符串。如果需要，操作符会把操作数转换成字符串，代码如下所示：

```
$num=5;
$str='PHP'.$num;//程序处理结果为 PHP5
```

2. 错误屏蔽

一些操作符或者函数可能产生错误信息。错误屏蔽操作符用来阻止这些信息的产生。屏蔽使用@符号，代码如下所示：

```
@fun($name)//未定义 $name,但不会报错。
```

三、语句

PHP 支持很多传统编程结构，用来控制程序执行的流程。如 if/else、switch 等条件选择语句，依据一些条件，允许一个程序执行不同的代码段或者什么都不执行。While 和 for 等循环语句支持重复地执行特殊的代码段。

1. foreach 语句

foreach 语句允许迭代数组里的元素，foreach 可以循环一个数组，访问数组的键名和值，代码如下所示：

```
foreach($array as $key=>$value){
// $key 可以取到键名
// $value 可以取到键值
}
```

2. goto 语句

goto 语句允许跳转到程序的另一个地方执行。你需要增加一个标签，同时后面跟着一个冒号，作为一个标识符来指定一个执行点。然后程序从脚本的另一个地方通过 goto 语句跳转到这个标识符制定的执行点，goto 语句代码如下所示：

```
for( $i=0; $i < $count; $i ++){
    if( $error){
        goto cleanup; // 发现错误跳转到 cleanup
    }
}
cleanup:
// 做一些错误处理工作
```

goto 语句只能在同一个文件或者自己的作用域中跳转，不能跳转进一个循环或者 switch 语句。

3. try...catch

try...catch 结构并没有那么多的流程控制功能，因为它以更优雅的方式处理系统错误。 例如想要确保你的 Web 应用在继续后续工作之前拥有可用的数据库连接，编写代码如下所示：

```
try{
 $dbhandle=new PDO('mysql:host=localhost;dbname=test','root','');
doDB_Work( $dbhandle);
 $dbhandle=null;
}
catch(PDOException  $error){
print 'Error!:'. $error-> getMessage().' <br>';
die();
}
```

如果 try 模块中的数据库连接报错，代码的流程会进入 catch 模块中，在那里 PDOExeption 类会初始化 $ error 变量，然后在屏幕上显示出来，程序优雅地结束，而不是突然的失败。

任务三　了解常用系统函数

PHP 有很多标准的函数和结构。 还有一些函数需要和特定的 PHP 扩展模块一起编译，否则在使用它们的时候就会得到一个致命的“未定义函数”错误。例如，要使用 image 函数中的 imagecreatetruecolor（ ），需要在编译 PHP 的时候加上 GD 的支持；要使用 mysql_connect（ ）函数，就需要在编译 PHP 的时候加上 MySQL 支持。有很多核心函数已包含在每个版本的 PHP 中，如字符串和变量函数。调用 PHPinfo（ ）或者 get_loaded_extensions（ ）可以得知 PHP 加载了哪些扩展库。同时还应该注意，很多扩展库默认就是有效的。

一、处理字符串

PHP 中有很多函数用于操作字符串。本小节介绍查找和修改以及删除等字符串最常用的函数。

1. 从左或右开始查找字符串

strpos 函数会返回搜索到字符串所在的位置，在不能找到指定的字符串时，会返回 false 值；如果子字符串出现在字符串的开头，函数会返回 0。因为 false 可以转换成 0，所以在判断是否失败时，要使用 === 来比较返回值，搜索路径是否含有“baidu”的代码如下所示：

```
$str='www.baidu.com';
$pos=strpos($str,'baidu');
if($pos===false){
//没有找到
}else{
//找到了，$pos 已经移动到了字符串内部某个位置
}
```

strrpos 和 strpos 函数功能基本相同，唯一不同的是，strrpos 返回的是从右往左查找所找到的值，而 strpos 返回的是从左往右查找所返回的值。

2. 删除字符串左边或右边内容

ltrim 函数删除指定字符串左边匹配的内容，rtrim 函数删除字符串右边匹配的内容，不指定删除内容时，则默认删除空格。使用 ltrim 和 rtrim 删除字符串的代码如下所示：

```
$str='www.baidu.com';
$str1=ltrim($str,'www.')    //返回的值为 baidu.com
$str2=rtrim($str,'.com')    //返回的值为 www.baidu
```

3. 返回字符串一部分

substr 函数返回指定字符串的起始位置（负数为从后往前算，初始为-1），指定个数的字符串，使用 substr 截取字符串的代码如下所示：

```
$str='www.baidu.com';
$str1=substr($str,4,5) //第四个是 b,共返回 5 个字母,结果为 baidu
```

以上代码在浏览器中的执行效果如图 5-8 所示：

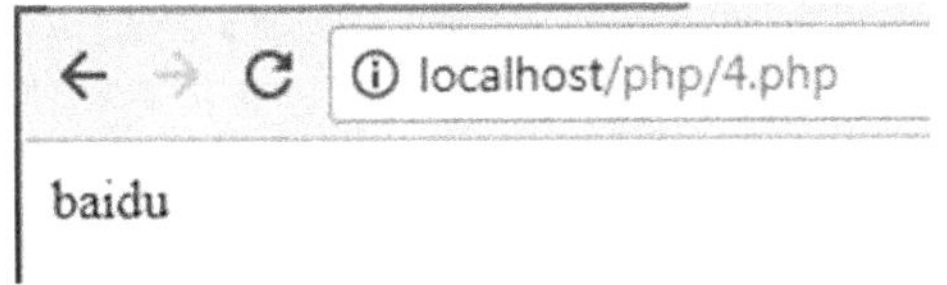

图 5-8　substr 处理字符串效果图

4. 替换字符串

str_replace 函数可以以指定字符串替换目标字符串中的部分字符。 使用 str_replace 替换字符的代码如下所示：

```
$str='www.baidu.com';
$str1=str_replace('baidu','google',$str)// 将 $str 字符串中的 baidu
                                           替换为 google
```

5. 打散字符串成数组

explode 函数可以将一个字符串用指定符号（默认逗号）分割成多个字符串的一组值。 使用 explode 打散字符串的代码如下所示：

```
$str='www.baidu.com';
$array=explode('.', $str)// 使用点分割 $str，最后数组为['www',
                          'baidu','com']
```

二、处理数组

1. 搜索指定值是否存在数组中

in_array 函数会搜索指定的值是否存在于数组中，存在返回 true，否则返回 false。 使用 in_array 搜索数组的代码如下所示：

```
$arr=[1,2,3,4,5];
$isset=in_array(3, $arr);// 搜索 3 是否存在于 $arr 数组中，这里返
                          回 true
```

2. 反转数组

array_reverse 函数以相反的元素顺序返回数组，可以设置是否保持键名，默认不保持。 使用 array_reverse 函数反转数组代码如下所示：

```
$arr=[1,2,3,4,5];
$arr=array_reverse( $arr);// 返回数组为[5,4,3,2,1]
```

反转数组在浏览器中的执行效果如图 5-9 所示：

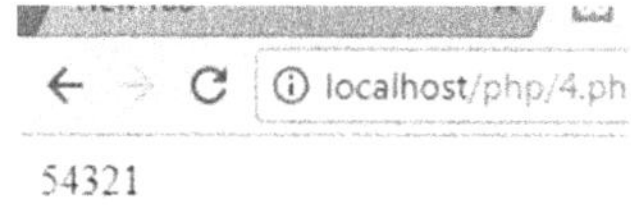

图 5-9　反转数组执行效果图

3. 计算数组长度

count 函数统计数组中元素的数量。使用 count 函数统计数组长度的代码如下所示:

```
$arr=[1,2,3,4,5];
$length=count($arr)// 数组长度为 5
```

4. 数组排序

sort 和 rsort 函数分别以升序和降序将数组进行排序。使用 sort 和 rsort 函数进行排序的代码如下所示:

```
$arr=[3,5,1,4,2];
$arr1=sort($arr)   // 使用升序排列后数组变换为[1,2,3,4,5]
$arr2=rsort($arr)  // 使用降序排列后数组变换为[5,4,3,2,1]
```

5. 数组元素的插入与删除

array_shift 和 array_unshift 函数分别对数组头进行插入和删除。使用 array_shift 和 array_unshift 的代码如下所示:

```
$arr=[1,2,3,4,5];
$arr=array_unshift($arr,0) // 往数组头添加 0 后,数组变为[0,1,2,
                              3,4,5]
$arr=array_shift($arr)     // 删除数组头第一个元素后,数组变为
                              [1,2,3,4,5]
```

array_pop 和 array_push 函数分别对数组尾部进行插入和删除。使用 array_pop 和 array_push 的代码如下所示:

```
$arr=[1,2,3,4,5];
$arr=array_push($arr,6) // 往数组尾部添加 6 后,数组变为[1,2,3,
                           4,5,6]
$arr=array_pop($arr)    // 删除数组尾部第一个元素后,数组变为
                           [1,2,3,4,5]
```

6. 删除或替换数组中指定的元素

array_splice 函数可以删除数组中指定位置开始的若干元素，并返回删除的元素，在删除的同时还可以在此位置插入新的元素。使用 array_splice 函数删除和替换数组的代码如下所示：

```
$arr=[1,6,5];
//删除数组中的 6,并将[2,3,4]添加进删除的位置,处理后数组变为
[1,2,3,4,5]
$arr=array_splice($arr,1,1,[2,3,4])
```

删除且替换数组在浏览器中的显示效果如图 5-10 所示：

图 5-10　删除且替换执行效果

7. 数组过滤

array_filter 函数可以过滤数组中的元素，过滤的规则通过自定义的回调函数来设定，如果函数返回 true 则保存，否则删除。使用 array_filter 函数过滤数组的代码如下所示：

```
$arr=[1,2,'str0','str1',3,4,5];
//过滤数组中所有非数字类型的元素,执行后数组为[1,2,3,4,5]
$arr=array_filter($arr,function($v){
    if(is_numeric($v)){
        return true
    }
    return false
})
```

数组过滤在浏览器中的显示效果如图 5-11 所示：

图 5-11　数组过滤执行效果

三、处理数字

数学（Math）函数能处理 integer 和 float 范围内的值。数学（Math）函数是 PHP 核心的组成部分，无需安装即可使用这些函数。

1. 获取随机数

mt_rand 函数会返回指定范围内的整数。使用 mt_rand 函数的代码如下所示：

```
$num=mt_rand(3,40);    //将得到 3 到 40 之间的整数
```

2. 向下取整

floor 函数会向下舍入返回最接近的整数。使用 floor 函数的代码如下所示：

```
$num=floor(3.14);    //将得到 3
```

3. 向上取整

ceil 函数会向上舍入返回最接近的整数。使用 ceil 函数的代码如下所示：

```
$num=ceil(3.14);    //将得到 4
```

四、处理时间

Date/Time 函数允许用户从 PHP 脚本运行的服务器上获取

日期和时间。该函数可以通过不同的方式来格式化日期和时间。

1. 获取时间戳

time 函数返回自 Unix 纪元（January 1 1970 00：00：00 GMT）起的当前时间的秒数，数字随着时间流逝越来越大。使用 time 函数获取时间戳的代码如下所示：

```
$time=time();      //返回当前时间戳
```

获取时间戳在浏览器中的显示效果如图 5-12 所示：

图 5-12 获取到的时间戳

2. 格式化时间戳

date 函数格式化本地日期和时间，并返回已格式化的日期字符串。使用 date 函数的代码如下所示：

```
$time=time()
$date=date('Y-m-d',$time);      //返回年-月-日格式的当前时间
```

格式化时间戳在浏览器中的显示效果如图 5-13 所示：

图 5-13 格式化时间戳后显示效果

3. 设置时区

date_default_timezone_set 函数可以设置当前所处时区，避免返回错误时间。使用 date_default_timezone_set 函数的代码如下

所示：

```
date_default_timezone_set("Asia/Shanghai");  //该函数设置了当前时区为上海。后面直接使用 time() 函数就可以获取上海的本地时间了
```

任务四　实现用户中心

网页运行需要 HTTP（超文本传输协议）支持。这个协议支配网页浏览器如何从服务器请求文件和如何从服务器发回文件。当浏览器请求一个网页时，它会发送 HTTP 请求消息到网页服务器。请求消息包含一些头信息，有时候也会包含一些内容。网页服务器用一个回复消息来响应，它总是包含头信息并且经常包含内容。

一、表单提交

用 PHP 处理表单时很容易的，表单参数会在 $_GET 和 $_POST 数组中。本章会用到许多处理表单的技巧。

如之前所讲，客户端有两个 HTTP 方法可以传递表单数据到服务器：GET 和 POST。表单通过 form 标签的 method 属性来指定方法。理论上，方法对大小写不敏感，但实际上一些老版本的浏览器要求方法名大写。

1. 设置表单的 action 属性

action 属性规定当提交表单时，向何处发送表单数据。这里我们指定 login. PHP 为处理表单数据的页面，代码如下所示：

```
<form action="login.PHP" method="get">
    <ul>
        <li>
            <label for="username"></label>
```

```
                <input id="username" type="text"
                name="username" required placeholder="username">
            </li>
            <li>
                <label for="password"></label>
                <input id="password" type="password"
                name="password" required placeholder="password">
            </li>
            <li>
                <button type="submit">  submit </button>
            </li>
        </ul>
    </form>
```

2. GET 与 POST 提交

GET 和 POST 提交方式为用户提供了向服务器请求服务的机会，一个 GET 请求会把表单参数编码到 URL 中，叫作“查询串”。跟在查询串后面的代码如下所示：

```
/path/index?word=despicable&pageNum=3
```

一个 POST 请求在 HTTP 请求的主体中传递表单参数 URL 不变。

GET 和 POST 最显著的不同是 URL 行。因为 GET 请求中所有的表单参数被编码到了 URL 中，用户可以标记下 GET 请求。POST 则不会记录表单参数，更为安全。因此 GET 请求不适合做会导致服务器数据改变的动作，例如下订单或更新数据库等。

二、表单处理

1. 获取参数

之前表单＜form＞的 action＝"login. PHP"属性设置了表单提交到 login. php 处理，我们在同目录内创建 login. php 文件。

可以在 PHP 代码中使用 $_POST、$_GET、$_FILES 数组来访问客户提交的表单数据。键名是参数名称，值是参数值。由于破折号在 HTML 字段名称中是合法的，但作为 PHP 变量名是不合法的，表单名中的破折号会在数组中被转换为下画线。获取用户登录时输入的参数代码如下所示：

```
$username=$_GET['username'];
$password=$_GET['password'];
```

2. 验证参数

当你允许用户输入数据时，一般需要在使用前验证数据。有很多不同的策略来验证数据。客户端的 JavaScript 往往作为首次验证，但由于用户可以关闭 JavaScript，或使用不支持它的浏览器，使得无法验证，因此它不能是仅有的验证。比较安全的做法是用 PHP 在服务器端来进行验证。验证用户输入信息是否合法的代码如下所示：

```
if($num===false){
    echo "用户名不存在!<a href="\index.PHP\"> 此处返回登录 </a> ";
    exit;
}
if($password!= $data[$num][1]){
    echo "密码错误!! <a href="\index.PHP\"> 此处返回登录 </a> ";
    exit;
}
```

3. 加载页面

一个 PHP 页面可以同时用来处理表单和生成页面，代码如下所示。用户信息合法将显示用户中心页面，如图 5-14 所示。

```
<?php
if($num===false){
    echo "用户名不存在!<a href="\index.PHP\"> 此处返回登录 </a> ";
    exit;
```

```
}
if( $password != $data[ $num][1]){
    echo " 密码错误!! <a href="\index.PHP\"> 此处返回登陆 </a> ";
    exit;
}
?>
<!DOCTYPE html>
<html lang="en">
<head>
    <meta charset="UTF-8">
    <title> Title </title>
</head>
    <ul>
        <li> 姓名: <?php echo $data[ $num][2]?></li>
        <li> 年龄: <?php echo $data[ $num][3]?></li>
        <li> 性别: <?php echo $data[ $num][4]?></li>
    </ul>
    <a href="index.php"> 登出 </a>
    <a href="collection.php"> 我的收藏 </a>
<body>
</html>
```

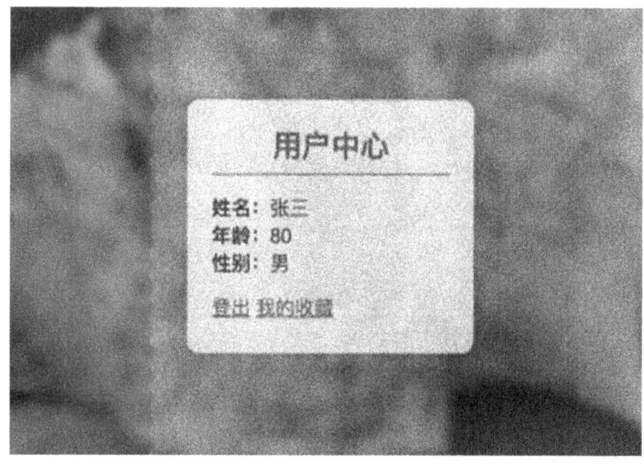

图 5-14 通过验证后的用户中心图

三、维护登录状态

HTTP 是无状态的协议，意味着一旦网页服务器完成客户端的请求，它们之间的连接就会关闭。换言之，无法让服务器识别一系列的请求是否来自同一客户端。

状态很重要，你可以用来构建购物车程序，例如你需要知道一个用户何时把项目放到购物车，何时添加了条目，何时移除了它们，购物车里都有什么，何时结账。但要避免一个独立的用户可以追踪其他用户一系列的请求。

要获得网页缺失的状态，可以使用状态维护技术 cookie。cookie 是服务器给客户端的额外信息。每个后续请求都会把信息传回到服务器，因此可以定义。cookie 对浏览器重复访问非常有用，但是并不代表它没有问题。最大的问题是大部分浏览器都允许用户禁止 cookie，所以任何使用 cookie 来维护状态的程序需要其他技术提供容错机制。

1. cookie

一个 cookie 基本上就是一个包含多个字段的字符串。一台服务器可以在响应头发送一个或多个 cookie 到浏览器。一些 cookie 的字段指明哪些浏览器页面可以在请求中发送。cookie 的 value 字段是实际数据——服务器可以存储任何数据（在限制内），如用唯一代码来定义用户、偏好等。使用 setcookie（ ）函数来发送 cookie 到浏览器，代码如下所示：

```
setcookie('TestCookie','test');// 设置名称为 TestCookie 值为 test 的 cookie 并发送
```

使用 $_COOKIE 数组来访问当前 cookie 中存储的数据，代

码如下所示：

```
$_COOKIE('TestCookie');// 将返回之前设置 test 值。
```

2. 会话

PHP 有内建的会话支持，帮你维护所有 cookie 的状态来通过不同的页面和多访问提供持久的变量访问。 会话可以让你简单地创建多页面表单（如用户收藏）、页面之间的用户认证信息保存，以及在站点上存储持久的用户偏好。

每个会话都有相关的数据存储。 你可以在页面开始时加载数据存储来注册变量，当页面结束时存回会话。 注册的变量在页面间是持久保持的，并且变量的修改从一个页面到其他页面是可见的。 例如，一个“添加收藏”链接可以把用户带到一个页面并向注册的收藏列表数组中添加一项。 这个注册数组中的数据可以在其他页面用来显示收藏列表。 要开始一个会话，需要调用 session_start（ ）函数，保存用户登录状态的代码如下所示：

```
$username=$_GET['username'];
$password=$_GET['password'];
$_SESSION['user']=$username;// 将用户账号密码保存在 session 的
user 键中
```

要结束一个会话，调用 session_destory（ ）函数。 这将会从当前的会话移除数据，但是不会从浏览器缓存移除 cookie。 这意味着，接下来访问打开会话的页面，虽然用户将会有同样的会话 ID，由于之前调用了 session_destory（ ），却没有数据。

3. 结合 cookie 和会话

将会话处理器与 cookie 结合使用，可以保护跨站的状态。用户离开网站后的任何状态都要被忘记，例如用户在访问那个页面，可以留给 PHP 内建的会话。 任何需要用户持久访问的状态，例如唯一的用户 ID，可以存储 cookie，使用用户的 ID，你可以从一个持久存储（例如数据库）获取用户更多的持久状态，例如显示偏好、收藏等。操作持久存储的代码如下所示：

```
setcookie('user', $username,time() + 60 * 60 * 24 * 7);// 保存用户一周登录状态
```

项目二　用户信息数据库

本项目中通过学习对数据库的管理与控制，可将用户的相关信息（账号、密码、收藏）保存至数据库，并使用 PHP 进行读取与对比验证。数据库完成后结构如图 5-15 所示。

```
cheng — mysql -u root -p — 80×24
    -> ;
+----------+--------------+------+-----+---------+----------------+
| Field    | Type         | Null | Key | Default | Extra          |
+----------+--------------+------+-----+---------+----------------+
| id       | bigint(20)   | NO   | PRI | NULL    | auto_increment |
| username | varchar(30)  | NO   |     | NULL    |                |
| password | varchar(30)  | NO   |     | NULL    |                |
| name     | varchar(20)  | NO   |     | NULL    |                |
| age      | int(5)       | YES  |     | NULL    |                |
| sex      | enum('1','2')| YES  |     | NULL    |                |
+----------+--------------+------+-----+---------+----------------+
6 rows in set (0.00 sec)

MariaDB [userCenter]> desc collections;
+---------+--------------+------+-----+---------+----------------+
| Field   | Type         | Null | Key | Default | Extra          |
+---------+--------------+------+-----+---------+----------------+
| id      | int(11)      | NO   | PRI | NULL    | auto_increment |
| user_id | bigint(20)   | NO   | MUL | NULL    |                |
| content | varchar(255) | NO   |     | NULL    |                |
+---------+--------------+------+-----+---------+----------------+
3 rows in set (0.00 sec)

MariaDB [userCenter]>
```

图 5-15　用户中心登录数据

任务一　了解 MySQL

数据库是由一批数据构成的有序集合，这些数据被存放在结构化的数据表里。 数据表之间相互关联，反映了客观事物间的本质联系。 数据库系统提供对数据的安全控制和完整性控制。

MySQL 是一个小型关系数据库管理系统，与其他大型数据库管理系统例如 Oracle、DB2、SQL Server 等相比，MySQL 规模小、功能有限但对于稍微复杂的应用来说已经够用，且体积小、速度快、成本低的特点，使得它成为世界上最受欢迎的开放源代码数据库之一。

一、启动 MySQL

打开命令行，使用 cd 命令进入到 mysql 根目录所处的文件夹，运行连接命令，代码如下所示：

```
mysql -h localhost -u root -p
```

其中 MySQL 为登录命令，－h 后面的参数是服务器的主机地址，在这里客户端和服务器在同一台机器上，所以输入 localhost 或者 IP 地址 127. 0. 0. 1，－u 后面跟登录数据库的用户名称，默认为 root，－p 后面是密码，默认为空。 登录成功后界面如图 5-16 所示。

```
Welcome to the MariaDB monitor.  Commands end with ; or \g.
Your MariaDB connection id is 522
Server version: 10.2.13-MariaDB Homebrew

Copyright (c) 2000, 2018, Oracle, MariaDB Corporation Ab and others.

Type 'help;' or '\h' for help. Type '\c' to clear the current input statement.

MariaDB [(none)]>
```

图 5-16　成功登录 MySQL 显示界面

二、库的增删查

1. 查询所有库

MySQL 安装完成之后，将会在其 data 目录下自动创建几个必需的数据，可以使用 SHOW DATABASES 语句来查看当前所有存在的数据库，输入语句如下运行后，结果如图 5-17 所示。

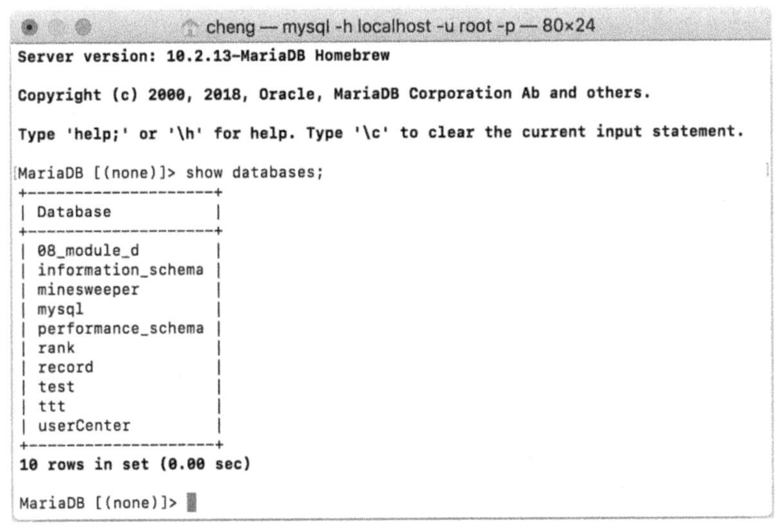

图 5-17　当前数据库列表

2. 创建数据库

创建数据库是在系统磁盘上划分一块区域用于数据的存储和管理，MySQL 中创建数据库的基本 SQL 语法格式如下所示：

```
CREATE DATABASE `userCenter` CHARSET utf8;
```

“userCenter”是要创建的数据库名称，需要注意该名称不能与已存在的数据库重名。“utf8”为存储使用的数据编码。

3. 删除数据库

删除数据库是将已经存在的数据库从磁盘空间上清除，清除之后，数据库中的所有数据也将一同被删除。删除数据库语句和创建数据库命令相似，MySQL 中删除数据库的基本语法如下所示：

```
DROP DATABASE `userCenter`
```

“userCenter”是要删除的数据库名称，如果指定的数据库不存在，则删除出错。

三、创建表

在创建完数据库之后，接下来的工作就是创建数据表。所谓创建数据表，指的是在已创建好的数据库中建立新表。创建数据表的过程是规定数据列属性的过程，同时也是实施数据完整性约束的过程。

数据表属于数据库，在创建数据表之前，应该使用“USE”语句指定操作的数据库。创建数据的语句为 CREATE TABLE，创建用户数据表的代码如下所示：

```
CREATE TABLE `userCenter`.`user`(
    `id` BIGINT NOT NULL AUTO_INCREMENT,
    `username` VARCHAR(30) NOT NULL,
    `password` VARCHAR(30) NOT NULL,
    `name` VARCHAR(20) NOT NULL,
    `age` INT(5) NULL,
    `sex` ENUM('1','2') NULL,
    PRIMARY KEY('id')
)ENGINE=InnoDB;
```

使用 CREATE TABLE 创建表时，包含以下信息：

1. 要创建的表的名称，不区分大小写，不能使用 SQL 语言中的关键字。这里我们创建表名为“user”的数据表。

2. 数据表中每列（字段）的名称和数据类型。

3. 主键 PRIMARY KEY（`id`）用来标识表中的每一条记录，加快数据库查询的速度。

外键用来在两个表的数据之间建立链接，它可以是一列或者多列。一个表可以有一个或多个外键。外键对应的是参照完整性，一个表的外键可以为空值；若不为空值，则每一个外键值必须等于另一个表中主键某个值。

创建用户收藏数据表，让它的 user_id 作为外键关联到 user 的主键 ID，SQL 语句如下所示：

```
CREATE TABLE `userCenter`.`collections`(
    `id` INT NOT NULL AUTO_INCREMENT,
    `user_id` BIGINT NOT NULL,
    `content` VARCHAR(255) NOT NULL,
    PRIMARY KEY(`id`),
     CONSTRAINT fk_collection_user FOREIGN KEY(`user_id`)RE
     FERENCES `users`(`id`)
)ENGINE=InnoDB;
```

四、修改表

MySQL 通过 ALTER TABLE 语句实现表名的修改，把 users 表中的 sex 字段名修改为 gender，并将字段数据类型修改为 int，代码如下所示：

```
ALTER TABLE `users` CHANGE `sex` 'gender' int(11);
```

随着业务需求的变化，可能需要在已经存在的表中添加新的字段。一个完整字段包括字段名、数据类型、完整性约束。为 users 表添加职业字段的语法格式如下所示：

```
ALTER TABLE `users` ADD job varchar(50);
```

五、删除表

在 MySQL 中，使用 DROP TABLE 可以一次删除一个或多个没有被其他表关联的数据表。删除用户收藏表的代码如下所示：

```
DROP TABLE IF EXISTS `collections`;
```

其中“collections”代表要删除的表名，如果要删除的数据库不存在，则 MySQL 会提示一条错误信息。参数“IF EXISTS”用于在删除前判断删除的表是否存在，加上该参数后，再删除表的时候，如果表不存在，SQL 语句可以顺利执行，但是会发出警告。

六、查看数据表结构

DESC 语句可以查看表的字段信息，其中包括：字段名、字段数据类型、是否为主键、是否有默认值等。查看用户表的代码如下所示：

```
DESC `users`;
```

七、图形化界面的应用

XAMPP 默认自带 PHPMyAdmin 数据库管理工具，让管理者可用 Web 接口管理 MySQL 数据库。借由此 Web 接口可以成为一个简易方式输入繁杂 SQL 语法的较佳途径，进入 PHPMyAdmin 的方法是单击 XAMPP 中 MySQL 行的 Admin 按钮。

任务二　操作 MySQL 数据

存储在系统中的数据是数据库管理系统的核心，数据库被设计用来管理数据的存储、访问和维护数据的完整性。MySQL 中提供了功能丰富的数据库管理语句，包括有效地向数据库中插入数据的 INSERT 语句，更新数据的 UPDATE 语句以及当数据不再使用时删除数据的 DELETE 语句，当然还包括强大的查询数据的 SELECT 语句。

一、插入数据

在操作数据之前，数据库中必须要有数据，MySQL 中使用 INSERT 语句向数据库表中插入新的数据记录。插入一条注册用户信息的代码如下所示：

```
INSERT INTO `users`(`username`,`password`,`name`,`age`,`sex`) VALUE
('admin','admin','张三',80,1);
```

“users”为要操作的表名，“users”后跟着的括号为要插入数据的那些列，VALUE 后跟着的括号为各列插入的内容。插入成功后，我们运行基础的查询语句，结果如图 5-18 所示（详细查询语句将在下一部分详细介绍）。

```
cheng — mysql -h localhost -u root -p — 80×24
2 rows in set (0.00 sec)

MariaDB [usercenter]> desc users;
+----------+--------------+------+-----+---------+----------------+
| Field    | Type         | Null | Key | Default | Extra          |
+----------+--------------+------+-----+---------+----------------+
| id       | bigint(20)   | NO   | PRI | NULL    | auto_increment |
| username | varchar(30)  | NO   |     | NULL    |                |
| password | varchar(30)  | NO   |     | NULL    |                |
| name     | varchar(20)  | NO   |     | NULL    |                |
| age      | int(5)       | YES  |     | NULL    |                |
| sex      | enum('1','2')| YES  |     | NULL    |                |
+----------+--------------+------+-----+---------+----------------+
6 rows in set (0.01 sec)

MariaDB [usercenter]> select * from users;
+----+----------+----------+--------+------+------+
| id | username | password | name   | age  | sex  |
+----+----------+----------+--------+------+------+
|  1 | admin    | admin    | 张三   |   80 | 1    |
+----+----------+----------+--------+------+------+
1 row in set (0.00 sec)

MariaDB [usercenter]>
```

图 5-18　插入后数据表

二、更新数据

表中有数据之后，接下来可以对数据进行更新操作，MySQL 中使用 UPDATE 语句更新表中的记录，可以更新特定的行或者同时更新所有行。“张三”用户的密码为“admin123”的代码如下所示：

```
UPDATE `users`
SET `password`='admin123'
WHERE `name`='张三'
```

“users”为要操作的表名，SET 后跟的是字段名以及修改值。WHERE 后跟的是范围，这里为 name 等于“张三”的数据生效。修改成功后，运行基础的查询语句，结果如图 5-19 所示。

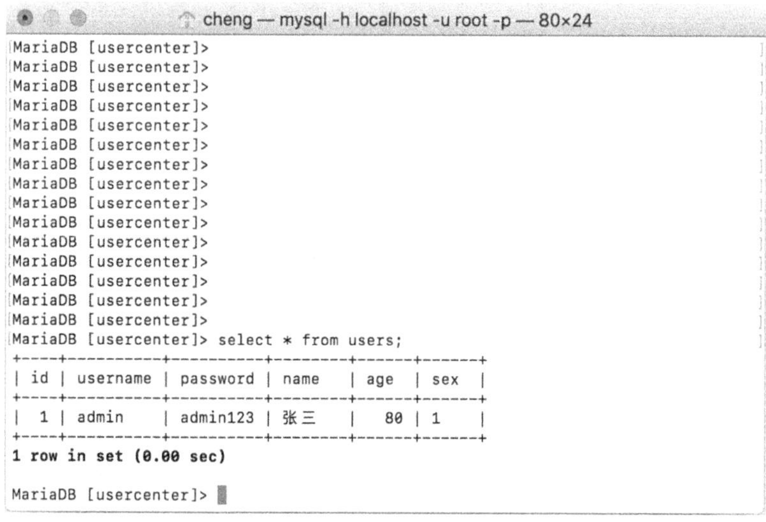

图 5-19　更新后数据表

三、删除数据

从数据表中删除数据使用 DELETE 语句，DELETE 语句允许 WHERE 子句指定删除条件。 DELETE 语句删除用户“张三”代码如下所示：

```
DELETE FROM `users` WHERE `name`='张三';
```

“users”为要操作的表名，WHERE 后跟的是范围，这里为 name 等于“张三”的数据生效。删除成功后，运行基础的查询语句，结果如图 5-20 所示。

```
cheng — mysql -h localhost -u root -p — 80×24
MariaDB [usercenter]>
MariaDB [usercenter]>
MariaDB [usercenter]>
MariaDB [usercenter]> select * from users;
+----+----------+----------+--------+------+------+
| id | username | password | name   | age  | sex  |
+----+----------+----------+--------+------+------+
|  1 | admin    | admin123 | 张三   |   80 | 1    |
+----+----------+----------+--------+------+------+
1 row in set (0.00 sec)

MariaDB [usercenter]>  DELETE FROM 'users' WHERE 'name'='张三'
    -> ;
    -> ;
ERROR 1064 (42000): You have an error in your SQL syntax; check the manual that
corresponds to your MariaDB server version for the right syntax to use near '; '
 at line 2
MariaDB [usercenter]>  DELETE FROM 'users' WHERE 'name'='张三';
Query OK, 1 row affected (0.00 sec)

MariaDB [usercenter]> select* from users;
Empty set (0.00 sec)

MariaDB [usercenter]> 
```

图 5-20　删除后数据表

四、查询数据

数据库管理系统的一个最终的功能就是数据查询，数据查询不应只是简单返回数据库中存储的数据，还应该根据需要对数据进行筛选，以及确定数据以什么样的格式显示。

1. 基本查询

MySQL 从数据表中查询数据的基本语句为 SELECT 语句。使用 SELECT 语句查询 users 数据表的代码如下所示：

```
SELECT * FROM `users`;
```

通配符 * 代表查询显示所有列，“users”指定查询表名。运行查询语句后结果如图 5-21 所示。

```
cheng — mysql -h localhost -u root -p — 80×24
MariaDB [usercenter]>  DELETE FROM `users` WHERE `name`='张三'
    -> ;
    -> ;
ERROR 1064 (42000): You have an error in your SQL syntax; check the manual that
corresponds to your MariaDB server version for the right syntax to use near '; '
 at line 2
MariaDB [usercenter]>  DELETE FROM 'users' WHERE 'name'='张三';
Query OK, 1 row affected (0.00 sec)

MariaDB [usercenter]> select* from users;
Empty set (0.00 sec)

MariaDB [usercenter]> select* from users;
+----+----------+----------+--------+------+------+
| id | username | password | name   | age  | sex  |
+----+----------+----------+--------+------+------+
|  2 | admin    | admin    | 张三   |   80 | 1    |
|  3 | aaa      | 123      | 李四   |   40 | 1    |
|  4 | test     | 123      | 赵五   |   15 | 2    |
|  5 | ttt      | 123      | 王六   |   60 | 1    |
+----+----------+----------+--------+------+------+
4 rows in set (0.00 sec)

MariaDB [usercenter]>
```

图 5-21　基本查询结果

2. 条件查询

数据库中包含大量的数据，根据特殊要求，可能只需要查询表中的指定数据，即对数据进行过滤。在 SELECT 语句中，通过 WHERE 子句可以对数据进行过滤，如查询所有男性用户的

SQL 语句如下所示：

```
SELECT * FROM `users` WHERE `sex`=1;
```

在 WHERE 子句中，MySQL 提供了一系列的条件判断符，例如相等（＝）、大于（＞）、小于（＜）、不相等（！＝），以及与（AND）、或（OR）等逻辑运算符。运行上面查询后结果如图 5-22 所示。

```
cheng — mysql -h localhost -u root -p — 80×24
Empty set (0.00 sec)

MariaDB [usercenter]> select* from users;
+----+----------+----------+--------+------+------+
| id | username | password | name   | age  | sex  |
+----+----------+----------+--------+------+------+
|  2 | admin    | admin    | 张三   |   80 | 1    |
|  3 | aaa      | 123      | 李四   |   40 | 1    |
|  4 | test     | 123      | 赵五   |   15 | 2    |
|  5 | ttt      | 123      | 王六   |   60 | 1    |
+----+----------+----------+--------+------+------+
4 rows in set (0.00 sec)

MariaDB [usercenter]> SELECT * FROM 'users' WHERE 'sex'=1;
+----+----------+----------+--------+------+------+
| id | username | password | name   | age  | sex  |
+----+----------+----------+--------+------+------+
|  2 | admin    | admin    | 张三   |   80 | 1    |
|  3 | aaa      | 123      | 李四   |   40 | 1    |
|  5 | ttt      | 123      | 王六   |   60 | 1    |
+----+----------+----------+--------+------+------+
3 rows in set (0.00 sec)

MariaDB [usercenter]> 
```

图 5-22 条件查询结果

3. 排序查询

从前面的查询结果，发现有些字段的值是没有任何顺序的，MySQL 可以通过在 SELECT 语句中使用 ORDER BY 子句，对查询结果进行排序。

查询“users”表，根据年龄进行升序排序的代码如下所示：

```
SELECT * FROM `users` ORDER BY `age` ASC;
```

“users”为查询的表，ORDER BY 后面跟的字段是排序字段，ASC 代表升序排列。查询结果如图 5-23 所示。

```
cheng — mysql -h localhost -u root -p — 80×24

MariaDB [usercenter]> SELECT * FROM 'users' ORDER BY 'age' ASC;
+----+----------+----------+--------+------+------+
| id | username | password | name   | age  | sex  |
+----+----------+----------+--------+------+------+
|  4 | test     | 123      | 赵五   |   15 | 2    |
|  3 | aaa      | 123      | 李四   |   40 | 1    |
|  5 | ttt      | 123      | 王六   |   60 | 1    |
|  2 | admin    | admin    | 张三   |   80 | 1    |
+----+----------+----------+--------+------+------+
4 rows in set (0.00 sec)

MariaDB [usercenter]> SELECT * FROM 'users' ORDER BY 'age' ASC;
+----+----------+----------+--------+------+------+
| id | username | password | name   | age  | sex  |
+----+----------+----------+--------+------+------+
|  4 | test     | 123      | 赵五   |   15 | 2    |
|  3 | aaa      | 123      | 李四   |   40 | 1    |
|  5 | ttt      | 123      | 王六   |   60 | 1    |
|  2 | admin    | admin    | 张三   |   80 | 1    |
+----+----------+----------+--------+------+------+
4 rows in set (0.00 sec)

MariaDB [usercenter]>
```

图 5-23　排序查询结果

4. 集合函数查询

有时候并不需要返回实际表中的数据，而只是对数据进行总结。MySQL 提供一些查询功能，可以对获取的数据进行分析和报告。

count 函数统计数据表中包含的记录行的总数，或者根据查询结果返回列中包含的数据行数。如统计所有男性用户人数的代码如下所示：

```
SELECT COUNT(`sex`) FROM `users` WHERE `sex`=1;
```

“users”为查询的表，COUNT 函数参数为要统计的字段，WHERE 条件是性别为男。查询结果如图 5-24 所示。

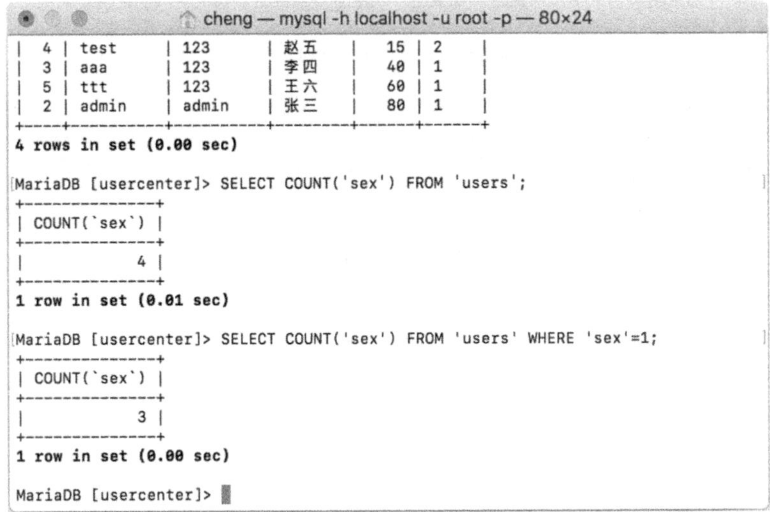
```
|  4 | test     | 123      | 赵五     |   15 | 2    |
|  3 | aaa      | 123      | 李四     |   40 | 1    |
|  5 | ttt      | 123      | 王六     |   60 | 1    |
|  2 | admin    | admin    | 张三     |   80 | 1    |
+----+----------+----------+--------+------+------+
4 rows in set (0.00 sec)

MariaDB [usercenter]> SELECT COUNT('sex') FROM 'users';
+--------------+
| COUNT(`sex`) |
+--------------+
|            4 |
+--------------+
1 row in set (0.01 sec)

MariaDB [usercenter]> SELECT COUNT('sex') FROM 'users' WHERE 'sex'=1;
+--------------+
| COUNT(`sex`) |
+--------------+
|            3 |
+--------------+
1 row in set (0.00 sec)

MariaDB [usercenter]>
```

图 5-24　集合函数查询结果

除了返回某列的行数（COUNT）外，还有返回某列的平均值（AVG）、返回某列的最大值（MAX）、返回某列的最小值（MIN）、返回某列的和（SUM）等函数。

5. 连接查询

连接是数据库模型的主要特点。 连接查询是关系数据中最主要的查询，主要包括内连接、外连接等。 通过连接运算符可以多个表查询。 在关系数据库管理系统中，表建立时各数据之间的关系不必确定，常把一个实体的所有信息存放在一个表中。 当查询数据时，通过连接查询出存放在多个表中不同实体的信息。

收藏表和用户表之间使用内连接查询的代码如下所示：

```
SELECT *
FROM `users` INNER JOIN `collections`
ON `collections`.`user_id` = `users`.id
```

"users" 表和 "collections" 表之间，使用 INNER JOIN 语法进行内连接查询，查询条件是 "collections" 表的 "user_id" 等于 "user" 表的 "id"。 查询结果如图 5-25 所示。

```
cheng — mysql -h localhost -u root -p — 80×24
MariaDB [usercenter]>
MariaDB [usercenter]> SELECT *
    -> FROM 'users' INNER JOIN 'collections'
    -> ON 'collections'.'user_id' = 'users'.id
    -> ;
+----+----------+----------+--------+------+------+----+---------+---------+
| id | username | password | name   | age  | sex  | id | user_id | content |
+----+----------+----------+--------+------+------+----+---------+---------+
|  2 | admin    | admin    | 张三   |   80 | 1    |  1 |       2 | 书籍    |
|  2 | admin    | admin    | 张三   |   80 | 1    |  2 |       2 | 电影    |
|  2 | admin    | admin    | 张三   |   80 | 1    |  3 |       2 | 运动    |
|  3 | aaa      | 123      | 李四   |   40 | 1    |  4 |       3 | 书籍    |
|  3 | aaa      | 123      | 李四   |   40 | 1    |  5 |       3 | 学习    |
|  3 | aaa      | 123      | 李四   |   40 | 1    |  6 |       3 | 音乐    |
|  4 | test     | 123      | 赵五   |   15 | 2    |  7 |       4 | 书籍    |
|  4 | test     | 123      | 赵五   |   15 | 2    |  8 |       4 | 学习    |
|  4 | test     | 123      | 赵五   |   15 | 2    |  9 |       4 | 运动    |
|  5 | ttt      | 123      | 王六   |   60 | 1    | 10 |       5 | 电影    |
|  5 | ttt      | 123      | 王六   |   60 | 1    | 11 |       5 | 学习    |
|  5 | ttt      | 123      | 王六   |   60 | 1    | 12 |       5 | 运动    |
+----+----------+----------+--------+------+------+----+---------+---------+
12 rows in set (0.00 sec)

MariaDB [usercenter]>
```

图 5-25　连接查询结果

6. 子查询

子查询指一个查询语句嵌套在另一个查询语句内部的查询，在 SELECT 子句中先计算子查询，子查询结果作为外层另一个查询的过滤条件，查询可以基于一个表或者多个表。 子查询中常用的操作符有 ANY（SOME）。

查询所有年龄超过所有用户平均数的用户的代码如下所示：

```
SELECT *
FROM `users`
WHERE `age`>(SELECT AVG('age') FROM `users`)
```

"users" 是目标查询的表名，括号内的 SELECT 使用集合函数查询所有用户的年龄平均数，用当前用户年龄对比平均数。 查询结果如图 5-26 所示。

```
cheng — mysql -h localhost -u root -p — 80×24
MariaDB [usercenter]>
MariaDB [usercenter]>
MariaDB [usercenter]>
MariaDB [usercenter]>
MariaDB [usercenter]>
MariaDB [usercenter]>
MariaDB [usercenter]>
MariaDB [usercenter]>
MariaDB [usercenter]>
MariaDB [usercenter]>
MariaDB [usercenter]>
MariaDB [usercenter]> SELECT *
    -> FROM 'users'
    -> WHERE 'age'>(SELECT AVG('age') FROM 'users')
    -> ;
+----+----------+----------+--------+------+------+
| id | username | password | name   | age  | sex  |
+----+----------+----------+--------+------+------+
|  2 | admin    | admin    | 张三   |   80 | 1    |
|  5 | ttt      | 123      | 王六   |   60 | 1    |
+----+----------+----------+--------+------+------+
2 rows in set (0.01 sec)

MariaDB [usercenter]>
```

图 5-26　子查询结果

任务三　实现用户中心数据库

打开上个项目进行修改，collection. php 中的数组数据切换存储至 MySQL 中。

MySQL 数据库可以存储你的数据，实现安全的维护，不过需要先把 PHP 脚本与 MySQL 数据库连接起来才能达到目的。

一、建立连接

PHP 脚本向一个 MySQL 数据库插入数据或从中获取数据之前，必须先连接到这个数据库。 从 PHP 连接到一个 MySQL 数据库在很多方面类似于从一个 MySQL 工具访问数据库，也需要以下信息：

1. MySQL 服务器位置（IP 地址或主机名）；

2. 数据库用户名；

3. 数据库口令；

4. 数据库名。

通过一个 PHP 脚本建立与一个 MySQL 数据库的连接时，数据库服务器的主机位置、用户名、口令和数据库名都是必要的。一旦建立了连接，脚本就能够执行 SQL 命令，就好像你在一个 MySQL 工具中手动输入这些命令一样。使用 PDO 方式进行连接的代码如下所示：

```
$pdo=new PDO("mysql:dbname=userCenter;host=localhost",'root','');
var_dump($pdo);
```

其中指定了通过 root 账户，空的密码连接至本地 MySQL 数据库中的 userCenter 库。使用 var_dump 函数来打印 $ pdo 得到 PDO 对象，代表连接成功，代码如下所示：

```
object(PDO)#1(0){}// 浏览器中的返回结果
```

二、查询用户是否存在

要在 PHP 中使用 PDO 进行 SQL 查询，需要通过传递 SQL 语句到 PDO 的 query 方法中来实现。获取查询结果后，可以调用 fetch 方法获取一条，或调用 fetchAll 方法获取所有查询结果。

使用 PHP 验证用户名是否存在于数据库中的代码如下所示：

```
$username=$_POST['username'];
$password=$_POST['password'];
$user=$pdo->
query('SELECT * FROM `users` WHERE `username`=\''.$username.'\'')->fetch();
```

```
if(!$user){
    echo"用户名不存在!<href="\index.PHP\">此处返回登录</a>";
    exit;
}
```

PDO 调用 query 方法查询后如果未找到该用户名，则会返回 false，对其判断验证用户是否存在。

三、查询用户密码是否正确

如果 PDO 的 query 方法查询到了用户名下的数据，代表用户存在。此时已获取到了用户相关信息，对比验证密码是否输入。正确代码如下所示：

```
if($user['password']!=$password){
    echo "密码错误!! <a href="\index.PHP\">此处返回登录</a>";
    exit;
}
```

四、查询用户收藏

通过 PDO 进行连接查询，内连接“users”表和“collections”表，查询该用户所有收藏，代码如下所示：

```
$collections=$pdo->query('SELECT * FROM `collections`
INNER JOIN `users`
ON `users`.`username`=\''.$user.'\'
AND `users`.id='collections'.`user_id`)->fetchAll();

foreach($collections as $key=>$value){
    echo $value['content'];
    if($key+1<count($collections))echo',';//收藏之间用逗号隔开
}
```

项目三　使用框架完成用户中心

其实并不总是一定要从头开始自己编写 PHP 代码，有时可重用其他人的代码。相似工程之间的代码重用能够节省开发者大量的时间和精力。PHP 开发框架内置了预建的模块，免去了冗长又令人厌烦的编程工作。这样开发者就能够把时间花在开发实际程序上，而不是每一次都要为每一个项目重建基础模块。

项目中通过学习 PHP 框架，重新实现用户中心的各项功能，完成后的效果如图 5-27 所示。

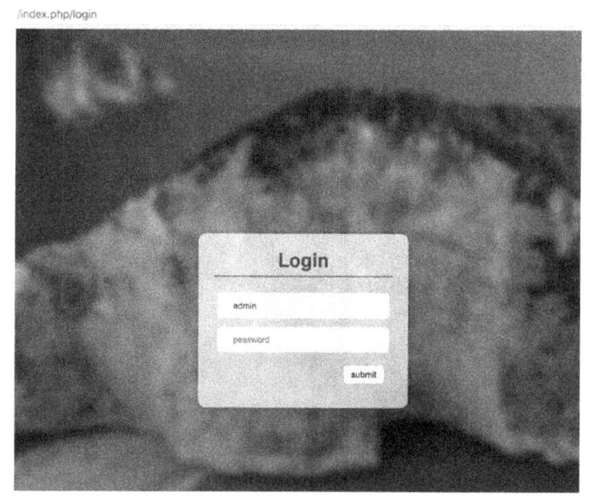

图 5-27　用户中心登录

项目参照世界技能大赛，采用 Laravel 框架进行开发。Laravel 框架简单而高效，对于用户的请求，它就像流水线一样，通过一道道工序处理用户的请求，然后返回处理结果。

任务一　安装 Laravel

PHP 编程语言作为针对 Web 开发量身定制的脚本语言被广泛用于服务器端程序开发，因此也产生了许许多多的 PHP 框架，最著名的有 Laravel、Symfony2、CodeIgniter、Yii2 等，而每年一度的 SitePoint 框架人气调查为这些框架的受欢迎程度提供了数据支持，Laravel 框架已经多年以高出一大截的优势排在了第一的位置。 Laravel 框架的优秀是和它的设计理念分不开的。

安装 Laravel 推荐使用 Composer 包管理工具，本项目中为了方便读者学习及使用，已经下载了 Laravel 安装包，只需要解压即可使用，打开本书配套光盘中“项目素材 \5 服务器端编程模块 \项目 3 使用框架完成用户中心 \素材”文件夹。

一、部署至服务器

将 Laravel 解压到 Xampp 中的 hodoc 文件夹，开启服务器后访问 localhost/laravel/public 可以见到如图 5-28 所示界面。

图 5-28　Laravel 框架界面

二、测试

打开 Laravel 根目录下的 routes/web. PHP 文件，在文件末尾添加代码，代码如下所示：

```
Route::get('test',function(){
    dd('test');
});
```

添加代码后，打开浏览器在地址栏末尾添加/test 后访问界面，如图 5-29 所示。

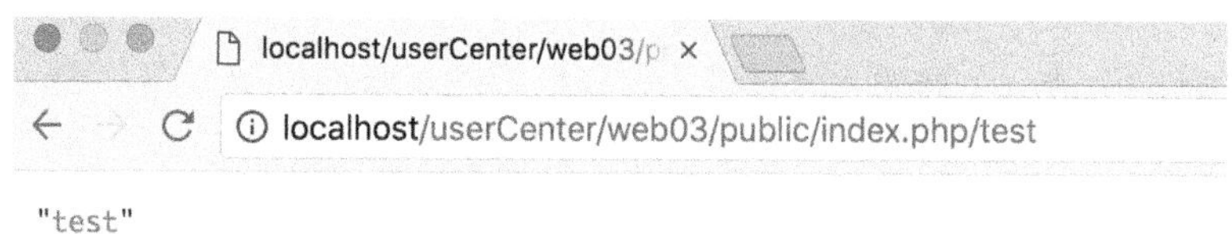

图 5-29　Laravel 框架访问界面

通过以上步骤，Laravel 经过测试已安装完成了。在过程中我们还添加了第一个路由，后续章节中将详细讲解 Laravel 中路由的各知识。

任务二　了解 MVC

MVC 在软件工程中是一种软件的架构。MVC 为模型（M）、视图（V）、控制器（C）的缩写。

一、为什么使用 MVC

1. MVC 的主要作用是为了将代码分层、分类。

2. MVC 的主要目的是为了解决 Web 开发中分离开发与设计工作，使其工作相对独立。

3. 使网站的目录结构更加清晰，网站更易维护与扩展，可以实现模块的复用。

二、PHP 中的 MVC

1. Model（模型），程序应用功能的实现，程序的逻辑的实现。在 PHP 中负责数据管理，数据生成。

2. View（视图），图形界面逻辑。在 PHP 中负责输出，处理如何调用 HTML 等前端模板、需要的资源文件。

3. Controller（控制器），负责转发请求，对请求处理。在 PHP 中根据请求决定调用的视图及使用的数据。

任务三　了解路由

根据 HTTP 协议，服务器端接收到客户端的请求后，会根据请求的统一资源定位符（URL）进行分发处理，找到对应的响应处理程序，从而返回对应的响应。

路由在 Laravel 框架中的作用是根据请求资源定位符的不同，将用户的请求按照事先规划的方案提交给指定的控制器或者功能函数来进行处理。

一、基础路由设置

Laravel 框架中的基础路由是一个资源定位符（URL）对应一个响应程序，这个程序可以是一个闭包函数，也可以是一个控制器响应函数的标识，具体格式和实例代码如下所示：

```
Route::get('test',function(){
    dd('test');
});
```

该实例定义了一个路由，语法上来看::get 是 PHP 中的静态方法调用，传入的第一个参数是绑定的请求网址，将请求的网站地址交给第二参数处理函数（该函数为一个闭包函数），处理函数的返回值就作为请求的响应，这里的响应就是打印“test”语句。

二、路由参数

通常情况下，GET 请求可以通过 URL 地址（QueryString）的方式向服务器传递参数，在 Laravel 框架中有更加优雅的形式来传递参数，即通过路由参数进行传递。路由参数主要针对的是 GET 请求的情况。通过路由参数传递参数的代码如下所示：

```
Route::get('ucenter/{user}',function($name){});
```

通过这种路由形式传递的参数，闭包函数或控制器函数可以直接在路由处理函数中添加名称为“$参数名”的形参实现对路由参数的接收。

三、路由组

当一个项目很大时，会定义很多的路由，对路由进行分组将使得程序更加规范易读，而路由群组就是给某一类路由进行分组，同时给这个路由组添加中间件、前缀、子域名等，使得路由定义更加简洁。假设需要定义多个关于用户管理的路由，路由组定义方式如下所示：

```
Route::group(['prefix'=>'user','middleware'=>'auth'],function(){
    Route::get('center/{user}',function(){
    });
});
```

在第一行的闭包内添加路由，使添加的路由属于“user”组，通过 URL 访问时，需要在地址栏前写上路由组的名称（prefix 的值）。

四、创建用户中心路由

用户中心路由组的代码如下所示：

```
Route::group(['prefix'=>'user','middleware'=>'auth'],function(){
    Route::get('login',function(){});                //显示用户登录页面
    Route::post('login',function(){});               //处理用户登录请求
    Route::get('ucenter/{user}',function(){});//显示用户中心
    Route::get('logout',function(){});               //处理用户登出
});
```

任务四　了解控制器

前面介绍了路由，路由中定义了一定的请求分发逻辑，如果只用这部分对于简单的 Web 应用是可以的，但当程序的规模扩大后，程序逻辑将变得更加复杂，所以分层的逻辑处理更加适合，这时就用到了第二层分发逻辑处理单元——控制器。

Laravel 框架程序与其他框架类似，控制器也是由类来组织的，通过不同的类可以将 HTTP 请求按照内部关系进行分类，同一类的请求可以放在一个控制器中来处理。控制器类通常放在 laravel/app/Controllers 目录下。

一、创建控制器

使用 artisan 命令创建用户控制器，代码如下所示：

```
PHP artisan make:controller UserController
```

成功执行后，可以在 laravel/app/Http/Controllers 目录下看到 UserController 控制器，此时 Laravel 已经自动帮我们创建好

控制器并书写了必要的命名空间等，控制器生成后代码如下所示：

```
<?PHP
namespace App\Http\Controllers;
use Illuminate\Http\Request;
class UserController extends Controller{}
```

二、路由绑定控制器

基础控制器路由的设置和前面讲述的路由设置格式基本相同，只是将闭包函数换成“控制器类名@函数名”格式的字符串，通过“@”符号将控制器类名和函数名进行分隔，这样我们就唯一定位了一个 HTTP 请求的响应函数。

定义加载用户登录页面路由的代码如下所示：

```
Route::get('login','UserController@loginPage');
```

上述路由将会调用 UserController 控制器下的 loginPage 方法。

任务五　了解视图

视图用于向用户呈现网页界面，一个文件只要向客户端输出可视内容，都称为一个视图。Laravel 框架应用程序将视图作为一个独立的组件与控制器解藕，所以在任何位置都可以使用 view( ) 的方式加载一个视图。

一、创建视图

在 Laravel 框架中，视图文件是以“. blade. PHP”后缀命名的，当然对于“. PHP”命名的文件也可以解析，解析时可以使用 view（）方法返回视图响应。通常，视图文件保存在 Laravel/resources/views/文件夹。

新建“login. blade. PHP”文件，将之前的 HTML 代码引入。在视图中如果需要关联样式及图片素材，一般先将对应资源文件放在“laravel/public”路径下，通过使用 assets 函数来进行引入。Laravel/resources/views/login. blade. php 登录视图文件的代码如下所示：

```
<!DOCTYPE html>
<html lang="en" class="login-bg">
<head>
    <title> admin </title>

    <meta name="viewport" content="width=device-width,initial-scale=
   1.0">

    <!--bootstrap-->
    <link rel="stylesheet"
        href="{{asset('assets/css/bootstrap/bootstrap.css')}}">
    <link rel="stylesheet"
        href="{{asset('assets/css/bootstrap/bootstrap-overrides.css')}}">
    <link rel="stylesheet"
         href ="{{asset('assets/css/bootstrap/bootstrap-responsive.
         css')}}">

    <!--global styles-->
    <link rel="stylesheet" type="text/css"
        href="{{asset('assets/css/layout.css')}}">
    <link rel="stylesheet" type="text/css"
        href="{{asset('assets/css/elements.css')}}">
    <link rel="stylesheet" type="text/css"
        href="{{asset('assets/css/icons.css')}}">

    <!--libraries-->
    <link rel="stylesheet" type="text/css"
```

```
            href="{{asset('assets/css/lib/font-awesome.css')}}">

        <!--this page specific styles-->
        <link rel="stylesheet" type="text/css" media="screen"
            href="{{asset('assets/css/compiled/signin.css')}}">

        <!--open sans font-->

        <!--[if lt IE 9]>
        <script src="http://html5shim.googlecode.com/svn/trunk/html5.js"
        ></script>
        <![endif]-->
        <meta http-equiv="Content-Type" content="text/html;charset=
        utf-8"></head>
    <body>

    <div class="row-fluid login-wrapper">
        <form id="w0" action="login.php" method="post" role="form">
            <div class="span4 box">
                <div class="content-wrap">
                    <h6> 用户中心 </h6>
                    <div class="form-group field-admin-adminuser">
                        <p class="help-block help-block-error">
                            <?php
                            echo  isset($_GET['usernameError'])?
                             $_GET['usernameError']:''
                            ?></p>
                        < input id ="admin-adminuser" class ="span12"
                        name="username"
                                placeholder=" 用户账号"type="text">
                    </div>
                    <div class="form-group field-admin-adminpass">
                        <p class="help-block help-block-error">
                            <?php
                            echo  isset($_GET['passwordError'])?
                             $_GET['passwordError']:''
                            ?></p>
                        < input id ="admin-adminpass" class ="span12"
                        name="password"
                                placeholder =" 用户密码" type
                                ="password">
                    </div>
```

```
                    <a href="" class="forgot"> 注册用户 </a>
                    <div class="form-group field-admin-rememberme">
                        <div class="remember">
                            <input name="Admin[rememberMe]" value
                            ="0" type="hidden">
                            <input id="remember-me" name="Admin
                            [rememberMe]"
                                   value="1" checked="" type=
                                   "checkbox">
                            <label for="remember-me"> 记住我 <
                            /label>
                        </div>
                    </div>
                    <button type="submit" class="btn-glow primary
                    login"> 登录 </button>
                </div>
            </div>
        </form>
    </div>

    <!--scripts-->
    <script src="{{asset('assets/js/jquery - latest.js')}}"></script>
    <script src="{{asset('assets/js/bootstrap.min.js')}}"></script>
    <script src="{{asset('assets/js/theme.js')}}"></script>
    </body>
    </html>
```

二、创建视图模板

blade 模板是 Laravel 所提供的视图文件模板引擎，该模板引擎通过模板继承和区块可以实现高度的代码复用和清晰的视图结构。以 blade 模板定义的视图文件需要在文件名称后加“blade.PHP”后缀名。

通常情况下，有些视图的文件头、侧边栏、页脚及加载的外部文件都是相同的，如果要在各个页面都重复添加将会非常麻烦，通过 blade 模板，我们可以定义页面布局文件，而在其他文件使用这个布局文件即可。下面使用 blade 模板引擎定义一个视图文件。

我们复制之前写的 login. blade. php 文件，创建 Laravel/resources/views/layouts/app. blade. php 文件，删掉中间＜div class = "row-fluid login-wrapper"＞标签及其内容，将其作为模版页面使用。

页面布局文件 Laravel/resources/views/layouts/app. blade. PHP 代码如下所示：

```
<!DOCTYPE html>
<html lang="en" class="login - bg">
<head>
    <title> admin </title>

    <meta name="viewport" content="width=device-width,initial-scale=
   1.0">

    <!--bootstrap-->
    <link rel="stylesheet"
        href="{{asset('assets/css/bootstrap/bootstrap.css')}}">
    <link rel="stylesheet"
        href="{{asset('assets/css/bootstrap/bootstrap-overrides.
        css')}}">
    <link rel="stylesheet"
        href="{{asset('assets/css/bootstrap/bootstrap-responsive.
        css')}}">

    <!--global styles-->
    <link rel="stylesheet" type="text/css"
        href="{{asset('assets/css/layout.css')}}">
    <link rel="stylesheet" type="text/css"
        href="{{asset('assets/css/elements.css')}}">
    <link rel="stylesheet" type="text/css"
        href="{{asset('assets/css/icons.css')}}">

    <!--libraries-->
    <link rel="stylesheet"type="text/css"
```

```
            href="{{asset('assets/css/lib/font - awesome.css')}}">

        <!--this page specific styles-->
        <link rel="stylesheet" type="text/css" media="screen"
            href="{{asset('assets/css/compiled/signin.css')}}">

        <!--open sans font-->

        <!--[if lt IE 9]>
        <script src="http://html5shim.googlecode.com/svn/trunk/html5.
        js"></script>
        <![endif]-->
        <meta http-equiv="Content-Type" content="text/html;charset=
        utf-8"></head>
    <body>

    @yield('content')

    <!--scripts-->
    <script src="{{asset('assets/js/jquery-latest.js')}}"></script>
    <script src="{{asset('assets/js/bootstrap.min.js')}}"></script>
    <script src="{{asset('assets/js/theme.js')}}"></script>
    </body>
    </html>
```

通过以上视图文件的设计，可以看到通过 blade 模板可以定义布局文件，将基本不变的部分都在布局文件中进行定义，而将改变的部分定义为区块。 视图文件通过继承布局文件并覆盖需要改变的区块、加载子视图文件，最终实现视图文件的组装。

@yield 用于在布局中定义一个可替换区块，在视图文件中可以通过@section 来定义区块内容，如果视图文件没有定义这个区块，将以默认内容输出。

修改 login. bable. php 文件，使用我们新建 layoutapp 的模板，代码如下所示：

```
@extends('layouts.app')
@section('content')
<div class="row-fluid login-wrapper">
    <form id="w0" action="login.php" method="post" role="form">
        <div class="span4 box">
            <div class="content-wrap">
                <h6> 用户中心 </h6>
                <div class="form-group field-admin-adminuser">
                    <p class="help-block help-block-error">
                        <?php
                        echo isset($_GET['usernameError'])?
                            $_GET['usernameError']:''
                        ?></p>
                    <input id="admin-adminuser" class="span12"
                            name="username"
                            placeholder="用户账号" type="text">
                </div>
                <div class="form-group field-admin-adminpass">
                    <p class="help-block help-block-error">
                        <?php
                        echo isset($_GET['passwordError'])?
                            $_GET['passwordError']:''
                        ?></p>
                    <input id="admin-adminpass" class="span12"
                            name="password"
                            placeholder =" 用 户 密 码 "type =
                           "password">
                </div>
                <a href="" class="forgot"> 注册用户 </a>
                <div class="form-group field-admin-rememberme"
>
                    <div class="remember">
                        <input name="Admin[rememberMe]"
                                value="0" type="hidden">
                        <input id="remember-me" name="Admin
                        [rememberMe]"
                                value="1" checked="" type="
                                checkbox">
                        <label for="remember-me"> 记住我 <
                        /label>
                    </div>
                </div>
```

```
                    <button type="submit"
                                class="btn-glow primary login"> 登录 <
                              /button>
                </div>
            </div>
        </form>
</div>
@endsection
```

三、返回视图

在控制器中，可以通过 view 函数返回视图。UserController 控制器中通过 loginPage 方法返回登录页面的代码如下所示：

```
public function loginPage(){
    return view('login');
}
```

任务六　了解 ORM

在 Laravel 框架中，提供了一个数据库扩展，即 Eloquent ORM，该扩展实现了 Active Record 模式与数据库进行交互，使得操作数据库变得极为简单。这里先从概念上理解下 Eloquent ORM 是什么。ORM 英文是 Object Relational Mapping（对象关系映射），这是一种面向对象编程中用于解决不同系统间数据转换的方案，相当于创建了一个“虚拟对象数据库”，通俗的理解就是将数据库中复杂的结构封装成更加容易使用的接口提供给用户。

一、定义模型

一般模型类存放在“laravel\app”目录下，当然也可以根据实际需求放置在其他位置，在 Eloquent ORM 中每个类就对应一个数据表，在这里我们使用 artisan 命令创建 User 模型，创建的代码如下所示：

```
PHP artisan make:model User
```

在新创建的模型类中其实什么都没做，就可以实现对数据库操作的相关功能，而这些功能都是在继承类 Model 中完成的。但是，没有无条件的便利，因为底层是事先实现好的，在使用时就需要遵守它的规则：

1. 表名复数，模型名称单数；

2. 模型名称首字母大写；

3. 预先配置.env 文件。

二、CRUD 操作的实现

前面已经完成了数据表的建立、模型类的创建，接下来将实现数据库的简单操作。这里对数据库的操作不仅包括数据的增加、删除、修改和查询，还包括对数据库表间关系的操作。下面给出具体实例代码。

1. 通过属性赋值和 save（ ）方法在 users 数据表中增加新数据，代码如下所示：

```
$user=new User;
$user->username='test';
$user->password='test123';
$user->name='test';
$user->age=20;
$user->sex=1;
$user->save();// 增加数据
```

2. 查询 users 数据表中的数据

获取所有用户，代码如下所示：

```
$users=User::all();
```

通过 id 查询数据，代码如下所示：

```
$users=User::find(1);
```

通过指定字段名查询数据，代码如下所示：

```
$users=User::where('username','test')->first();
```

查询所有年龄大于 20 的用户，代码如下所示：

```
$users=User::where('age','>',20);
```

3. 更新数据表中的记录，通过 Eloquent ORM 更新一条记录首先要查询到它，然后更新数据模型实例的属性，最后调用 save ( ) 方法完成数据更新，代码如下所示：

```
$user=User::find(1);             //查询 id 为 1 的用户
$user->password='test123456';  //修改密码为'test123456'
$user->save();                   //执行保存
```

4. 删除数据表中的记录，通过 delete ( ) 方法删除记录，代码如下所示：

```
$user=User::find(1);//查询 id 为 1 的用户
$user->delete();      //删除
```

三、数据表关联

在实际项目开发中，很多数据表都不是孤立存在的，而是与其他数据表存在一定的关系，如一对一关系，一对多关系，和多对多关系，而 Eloquent 可以根据定义直接进行关系查询，获取与本数据表相关联的数据。 在 User 模型中关联 Coolection 模型的代码如下所示：

```
public function Collections(){
    return $this->hasMany('App\Collection');
}
```

在本项目中，用户与收藏是一对多的关系，如“用户 A”可以有两种收藏，分别是“电影”和“音乐”。一对多关系查询的代码如下所示：

```
User::find(2)->collections;// 查询出一条记录后调用之前定义的
collections 方法
```

上述代码含义为，在 collections 表中查询出所有用户 id 为 2 对应的收藏。

任务七 用户登录

在 Laravel 框架中，要通过依赖注入的方式来获取当前 HTTP 请求的实例，你应该在控制器方法中使用 Illuminate \ Http \ Request 类型提示。当前的请求实例将通过服务容器自动注入。

首先修改之前的 login. blade. php 文件，将表单提交路径设置为 login，提交方式为 post，并添加 Laravel 自带的 CSRF 保护。代码如下所示：

```
<form id="w0" action="login" method="post" role="form">
        <input type="hidden" name="_token" value="{{csrf_token()}}"/>
```

web. php 路由文件中，增加表单 post 提交处理的路由。并分配给 userController 的 login 方法处理。代码如下所示：

```
Route::post('login','UserController@login');
```

使用 Request 获取用户登录信息并进行查询验证的代码如下所示：

```
public function login(Request $request){
    $username= $request-> input('username');
    $user=User::where('username', $username)-> first();
    if(!$user)return" 用户名不存在! <a href="\login\"> 此处返回
    登录 </a> ";
    $password= $request-> input('password');
    if($password!= $user-> password)return" 密码错误!!
    <a href="\login\"> 此处返回登录 </a> ";
    $request-> session()-> push('user', $user);
    return view('userCenter',['user'=> $user]);
}
```

上述代码首先通过用户名查询用户是否存在，取出用户后对比密码是否正确。无误后加载用户中心视图。某用户登录后界面如图 5-30 所示。

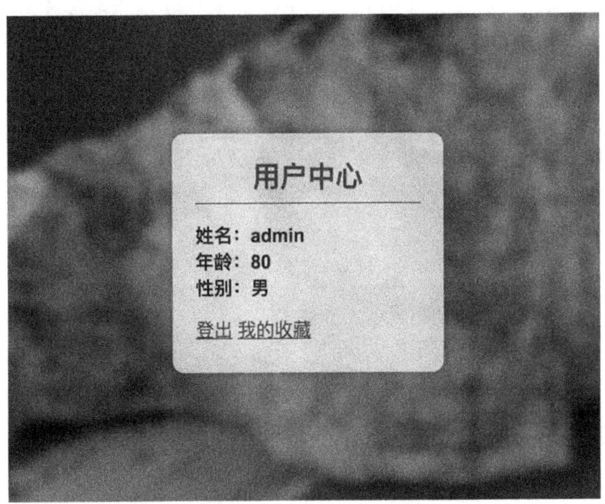

图 5-30　用户登录界面

用户请求“我的收藏”，程序将会验证是否登录，登录情况下会取出用户对应的收藏加载到视图中返回，代码如下所示：

```
if( ! $request-> session() -> has('user'))return" 请先 <a href="\login\"
> 登录 </a> ";
$user= $request-> session() -> get('user');
$collections= $user -> Collections;
return view('collection',['user'=> $user,'collections'=> $collections]);
```

视图层 collection 的代码如下所示：

```
@extends('layouts.app')
@section('content')
    <div class="row-fluid login-wrapper">
        <form id="w0" action="logout" method="post" role="form">
            <div class="span4 box">
                <div class="content-wrap">
                    <h6>
                        <?php echo $user? $user-> username:''? >
                    </h6>
                    @foreach( $collections as $collection)
                        <p>{{ $collection}} </p>
                    @endforeach
                    <button type="submit"
                            class="btn-glow primary-login">
                        退出登录 </button>
                </div>
            </div>
        </form>
    </div>
@endsection
```

上述代码通过操作 session 完成用户收藏功能。

◆综合实训　Tic-Tac-Toe

本项目以第 43 届世界技能大赛服务器端模块真题为例，讲解对应知识点、解题步骤及得分要点。

赛题任务是开发一个 Tic-Tac-Toe 在线游戏，赛题提供前端模板，还需要将交互逻辑实现到服务器端上。 游戏内三种界面状态要求如下：

一、初始界面：玩家首次调用页面

1. 只有之前没有加入过游戏的玩家进入；
2. 玩家有默认头像，但也可以自己上传头像；
3. 显示游戏说明和排行榜。

二、游戏界面：玩家正在玩游戏

1. 9 个方格供玩家下棋；
2. 横、竖、斜任意一种达到 3 颗棋子则游戏分出胜负。

三、结果界面：玩家输或赢了以后

1. 提示玩家游戏结果；
2. 排行榜更新。

本项目对照赛题各功能点的要求来进行代码实现，在讲解代码之前，首先分析部分赛题要求及实现方法。 表 5-1 所示为赛题得分点解析。

表 5-1　赛题解析

赛题要求	赛题解析
上传的头像图片会被调整到 60×60 尺寸并存储在服务器的文件系统中。	接收用户上传的头像，在服务器端使用 PHP 的 GD 库对图片进行裁切，并另存为指定文件夹。
刷新页面后，游戏面板仍显示其最后的状态，无需重启游戏或更改任何值。	实时保存当前状态到 session 中，每次加载页面都会去 session 中获取上一次游戏面板的状态。

续　表

赛题要求	赛题解析
用户棋子使用头像贴图。	使用 PHP 处理图片后返回服务器图片路径,修改页面中棋子贴图样式。
页面和服务器的数据交互,不会导致页面刷新。	使用 AJAX 无刷新技术。

任务一　了解 AJAX

AJAX 不是新的编程语言，而是一种使用现有标准的新方法。AJAX 通过在后台与服务器进行少量数据交换，可以使网页实现异步更新，这意味着可以在不重新加载整个网页的情况下，对网页的某部分进行更新。如今有很多使用 AJAX 的应用程序案，例如新浪微博、Google 地图、开心网等。

使用 jQuery 的 ajax（ ）方法可以通过 jQuery 底层 AJAX 实现请求加载远程数据，其返回为 XMLHttpRequest 对象。使用 jQuery 发送 AJAX 请求上传图片的代码如下所示：

```
$.ajax({// 参数为一个对象
    url:PHP,// 请求地址
    type:"post",// 请求方式(get 或 post)
    processData: false,// 取消序列化,传递图片
    contentType:false,// 避免 jQuery 自动操作去除分界符
    data:fd,// 上传的数据
    dataType:"json",// 返回的数据格式
    success:function(data){
        if(data.status){
            check();
        }else{
            $("#upload-msg").stop().slideDown();
        }
    }
});
```

success 方法在请求成功的情况下触发执行，这里我们在上传成功情况下，对游戏当前状态进行判断，并隐藏上传图片的区域。

任务二　处理上传图片

用户首先进入图片上传界面，如果用户已经上传了图片则进入游戏界面。 图片上传界面如图 5-31 所示。

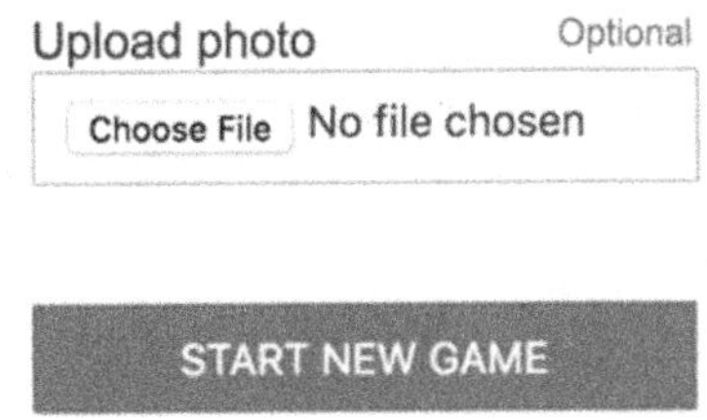

图 5-31　图片上传界面

提交表单时程序先在前台做一个图片大小的验证，通过后发送请求，请求携带数据 fd 变量如下所示：

```
var fd=new FormData(e.target);
fd.append("action","avatar");
```

后台根据携带的 action 信息进行不同处理，上传图片携带的方法为“avatar”，处理代码如下，最终 $ result 将返回，代码如下所示：

```
case "avatar":
    $result= $API-> uploadAvatar( $_FILES['photo']);
    break;
```

负责处理上传图片的 uploadAvatar 函数，首先将获取图片，如果图片出现错误则抛出异常。之后对图片使用 GD 库的 imagecopyresized 方法进行裁剪，并调用 imagejpeg 以 jpg 图片格式保存至服务器，返回文件名。uploadAvatar 函数代码如下所示：

```
public function uploadAvatar( $file)
{
    if( !@ $file['name']){// 文件无法获取则
        $this-> start();
        $_SESSION['avatar']= $this-> avatar;
        return true;
    }
    $img=@imagecreatefromstring(file_get_contents( $file['tmp_name']));
                                            // 载入上传
    if( ! $img)throw new Exception( "Image reading error!");
    $dst=imagecreatetruecolor(60,60);// 创建 60 × 60 的空白画布
    $color=@imagecolorallocate( $dst,255,255,255);
                                            // 设置画布背景白色
    @imagefill( $dst,0,0, $color);          // 头像居中放至空白画布上
    list( $width, $height) =getimagesize( $file['tmp_name']);
    imagecopyresized( $dst, $img,0,0,0,0,60,60,
$width, $height);
    $filename="pictures/". uniqid() . ". jpg";
    $result=imagejpeg( $dst,dirname(_DIR_) . "/". $filename);
    if( ! $result)throw new Exception( "Error occurred during
    file operation");
    $this-> start();
    $_SESSION['avatar']= $filename;
    return true;
}
```

任务三　处理下棋结果

成功上传图片后，调用 check 函数切换界面，check 函数会发送请求向服务器端确认当前状态，并切换至对应游戏界面。界面及响应数据如图 5-32 所示。

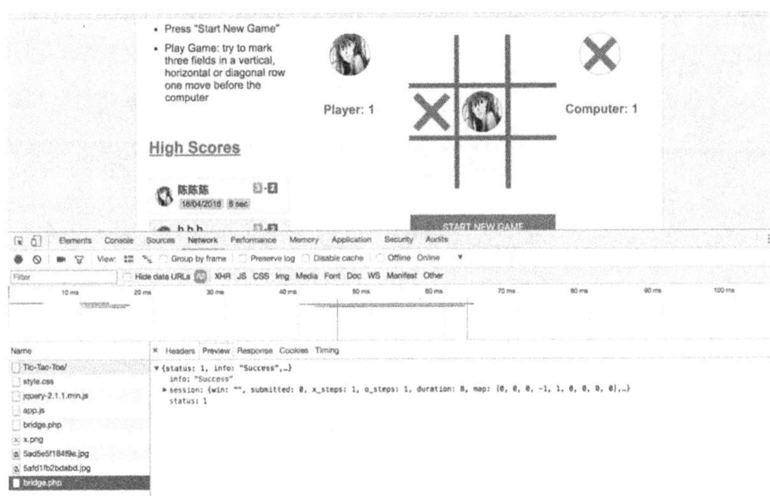

图 5-32 游戏界面

check 函数代码如下所示:

```
$.post(PHP,{action:"state"},function(data){
    $("#avatar - style").remove();// 去掉用户头像默认样式
    $(" <style id='avatar-style'>      // 插入新用户头像样式
   o{background-image:url("+
   data.session.avatar+")!important;}
    </style> ").appendTo("body");
    $(".computermoves").text(data.session.x_steps);
                                        // 设置电脑移动步数
    $(".usermoves").text(data.session.o_steps);
                                        // 设置用户移动步数
    $(".time").text(data.session.duration + "sec");
                                        // 设置游戏经过时间
   switch(data.session.state){
       case 1:                          // 上传界面
           $("#step1").show();
           $("#step2,#upload-msg").hide();
           break;
       case 2:                          // 游戏界面
           $("#step2,.dates").show();
```

```
                $("#step1,.form-win,#game-msg").hide();
                initMap(false);
                break;
            case 3:// 游戏结束界面
                $("#step2,#game-msg").show();
                $("#step1,.form-win,#submit-msg,.dates").hide();
                initMap(true);
                if(data.session.win=="o"&&!data.session.submitted)
                    $(".form-win").show();
                switch(data.session.win){
                    case "o":
                        $("#game-msg").text("You Win!!")
                        .css("background-color","rgba(100,250,100,.2)");
                        break;
                    case"x":
                        $("#game-msg").text("You  Lose!!")
                        .css("background-color","rgba(240,100,100,.2)");
                        break;
                    case"r":
                        $("#game-msg").text("Draw!!")
                        .css("background-color","rgba(200,230,255,1)");
                        break;
                }
                break;
        }
    },"json");
```

当前用户已上传头像，并且未产生游戏结果，因此后台返回状态码 2，切换至游戏界面，后台处理代码如下所示：

```
public function state()
{
    if(!@$_SESSION['avatar']){        //是否上传图片
        $this->start();
        $_SESSION['avatar']="";
        $_SESSION['state']=1;
    }else{
        if(!$_SESSION['win']){        //是否产生游戏结果
            $_SESSION['duration']=time()-$_SESSION['start_time'];
            $_SESSION['state']=2;
        }else{
```

```
                $_SESSION['state']=3;
                $_SESSION['duration']= $_SESSION['end_time']- $_SE
                SSION['start_time'];
            }
        }
        return $_SESSION['state'];
    }
```

切换至游戏界面后，用户可以通过单击棋盘来选择方格下棋。每次单击都会触发事件并向服务器发送请求记录当前棋盘面板。单击发送请求的代码如下所示：

```
$(".btn").click(function(){
    move($(this).prop("id"))
});

function move(pos){
    $.get(PHP,{action:"move",pos:pos},function(data){
                                        //后台交给 move 路线处理
        if(data.status){                //处理成功则
            $("#" + pos).addClass("o").prop("disabled",true);
                                        //显示用户棋子
            $(".time").text(data.session.duration +"sec");
                                        //更新游戏时间
            $(".usermoves").text(data.session.o_steps);
                                        //更新用户步数
            if(data.session.win &&(data.session.win !="x")){
                                        //出现游戏结果则
                check();
                return;
            }
            $(".btn").prop("disabled",true);
                                        //设置无法单击
            setTimeout(function(){      //恢复单击,更新电脑下棋
                check();
            },2000);
        }
    },"json");
}
```

下棋请求所携带的方法是 move 方法，后台接受后进行棋盘更新及保存、时间更新、游戏结果判断等操作后返回。后台 move 方法代码如下所示：

```
public function move( $obj, $pos)
{
     if( ! $this-> game-> move( $obj, $pos))return false;
                                              // 当前位置有棋子,不更新
     $this-> game-> move( $obj, $pos);
                                              // 更新用户棋子
     $_SESSION[ $obj. "_steps"] ++;            // 更新步数
     $_SESSION['map']= $this-> game-> getMap();
                                              // 保存棋盘面板
     if( $this-> game-> isWin( $pos)){         // 判断是否出现游戏结果
          $_SESSION['end_time']=time();
          $_SESSION['win']= $obj;
     }else if( $_SESSION['o_steps'] + $_SESSION['x_steps']==9){
          $_SESSION['end_time']=time();
          $_SESSION['win']="r";
     }else {
          $_SESSION['win']="";
         if( $obj=="o") $this-> computerMove();
     }
     $_SESSION['duration']=time()- $_SESSION['start_time'];
     return true;
}
```

任务四　游戏结果记录

当玩家或电脑连续三个棋子在同一条垂线、水平线或对角线上时，玩家/电脑谁走最后一步谁就赢得游戏。

每次更新步数，都会调用游戏对象的判断输赢方法，代码如下所示：

```
public function isWin( $pos)          // 参数为当前棋子坐标
{
     $map=array_chunk( $this-> map,3);
```

```
    list( $col, $row) = $this-> getCor( $pos);
    // 水平连线
    if(abs( $map[ $row][0] + $map[ $row][1] + $map[ $row][2]) ==
   3)return true;
    // 垂直连线
    if(abs( $map[0][ $col] +$map[1][ $col] +$map[2][ $col])==3)return true;
    // 对角连线(左 or 右)
    if(in_array( $pos,[1,5,9]))
        if(abs( $map[0][0] + $map[1][1] + $map[2][2])==3)return true;
    if(in_array( $pos,[3,5,7]))
        if(abs( $map[2][0] + $map[1][1] + $map[0][2])==3)return true;
    return false;
}
```

游戏可能出现三种情况，分别是玩家胜利、电脑胜利、平局。当玩家胜利时需要记录玩家信息到数据库。

玩家胜利后，面板会出现名称输入框，提交后会发送请求去数据库中保存数据。请求携带的方法是“submit”，后台处理代码如下所示：

```
public function submit( $name)
{
    require_once"config.PHP";
    require_once"DAO_reusable.PHP";
    require_once"SafeFilter_resuable.PHP";
    $db=new DAO();
    $db-> connect(config:: $host,config:: $username,// 连接数据库
    config:: $password,config:: $db_name,config:: $port);
    $data['o_steps']= $_SESSION['o_steps'];
    $data['x_steps']= $_SESSION['x_steps'];
    $data['duration']= $_SESSION['duration'];
    $data['time']=time();
    $data['name']= $name;
    $data['avatar']= $_SESSION['avatar']== $this-> avatar?"":
    $_SESSION['avatar'];
    $result= $db-> insert("ttt_scores", $data);     // 保存玩家记录
    if( $result){
        $_SESSION['submitted']=true;
    }else{
```

```
            throw new Exception("Database error!");
        }
        return true;
    }
```

任务五 获取排行榜

提交保存游戏结果后，页面再次加载时会获取最新的排行榜，并通过时间排序。后台 PHP 拼接排行榜代码如下所示：

```
<article class="scroll-view">
    <?PHP
    require_once "lib/config.PHP";
    require_once "lib/db_resuable.PHP";
    require_once "lib/SafeFilter_resuable.PHP";
    $db=new db();
    $db->connect(config::$host,config::$username,
    config::$password,config::$db_name,config::$port);
    $sql="SELECT * FROM ttt_scores ORDER BY `time` DESC";
    $result=$db->query($sql);
    if($db->num_rows($result)<=0){
        ?>
        <h3>No score submitted.</h3>
        <?PHP
    }else{
        $i=0;
        while($row=$db->fetch($result)){
            $i++;
            ?>
            <article class="score">
                <h4 class="pos" <?PHP if($row['avatar']){?>
                style="background:url('<?=$row['avatar']?>')
                no-repeat center center;background-size:cover"
                <?PHP}?> >
                <?=$i?>
                </h4><h4 class="name-high">
                <?=SafeFilter::HTML($row['name'])?>
                <span class="moves">
```

```
                    <span><?= $row['o_steps']?> </span>
                    -
                    <span><?= $row['x_steps']?></span>
                    </span>
                    </h4>
                    <p>
                    <span class="date-high">
                    <?=date("d/m/Y", $row['time'])?></span>
                    <span class="time-high"><?= $row['duration']?>
                    sec </span></p>
                </article>
                <?PHP
            }
        }
        ?>
</article>
```

项目小结

在本项目中，通过真实的赛题了解了世界技能大赛中后端编程模块常见的得分点及处理方法。在练习的过程中，学习了PHP、MySQL、AJAX的使用方式。希望读者通过对这个案例的学习，可以在以下方面有所收获：

1. XAMPP安装及使用方式。

2. PHP、MySQL使用方式。

3. 了解Tic-Tac-Toe各功能点实现方式。

4. 掌握比赛得分点。

通过本项目的学习与实践后，填写表5-2进行自我评价。

表 5-2　自我评价

评价内容	评价等级			
	整体低于行业标准	整体达到行业标准	部分高于行业标准	整体优于行业标准
下棋以及输赢判断符合要求				
用户头像被裁剪的质量				
对于用户操作的反馈是精确的				
所开发出应用的交互感良好				
在使用该应用的过程中，服务器端没有任何错误提示				
应用程序数据的持久性				

课后练习

在当前代码的基础上，扩大棋盘，修改连线棋子数量。尝试为 Tic-Tac-Toe 添加更多功能，新功能列表如下：

1. 动态设置棋盘面板大小 n×n。

2. 动态设置连线棋子数量。

3. 撤销上一步棋子。